国家级一流本科课程主讲教材

C语言程序设计实验教程

○ 主　编　刘春英　黄复贤　黄玉文

中国教育出版传媒集团
高等教育出版社·北京

内容简介

本书是与《C 语言程序设计教程》配套的实验教材，以“程序理解、程序调试、程序设计”为主线组织内容。本书共 18 章，包括 C 程序初步，C 语言的数据、运算符和表达式，顺序、选择、循环结构程序设计，模块化程序设计，变量的存储属性和预编译命令等，通过对每章中案例的设计和实现，可使读者全面系统地理解和掌握 C 语言程序设计的知识和方法。

本书可作为高等学校各专业（特别是少学时）的“C 语言程序设计”课程教材，也可作为计算机等级考试的练习教材。

图书在版编目（CIP）数据

C 语言程序设计实验教程 / 刘春英，黄复贤，黄玉文主编．--北京：高等教育出版社，2024.2

ISBN 978-7-04-061478-7

Ⅰ．①C…　Ⅱ．①刘…　②黄…　③黄…　Ⅲ．①C 语言-程序设计-高等学校-教材　Ⅳ．①TP312.8

中国国家版本馆 CIP 数据核字(2023)第 238665 号

C Yuyan Chengxu Sheji Shiyan Jiaocheng

策划编辑　刘　娟　　责任编辑　刘　娟　　封面设计　张申申　易斯翔　　版式设计　杨　树
责任绘图　易斯翔　　责任校对　张　薇　　责任印制　刘弘远

出版发行	高等教育出版社	网　　址	http://www.hep.edu.cn
社　　址	北京市西城区德外大街 4 号		http://www.hep.com.cn
邮政编码	100120	网上订购	http://www.hepmall.com.cn
印　　刷	唐山市润丰印务有限公司		http://www.hepmall.com
开　　本	787 mm×1092 mm　1/16		http://www.hepmall.cn
印　　张	9.5		
字　　数	210 千字	版　　次	2024 年 2 月第 1 版
购书热线	010-58581118	印　　次	2024 年 9 月第 2 次印刷
咨询电话	400-810-0598	定　　价	19.60 元

物 料 号　61478-00

前　言

C 语言是大多数本科生接触的第一门程序设计语言。“C 语言程序设计”是高等学校计算机类专业的一门专业基础课，也是非计算机专业培养程序设计素养的一门通识基础课。由于“C 语言程序设计”课程的实践性很强，所以在实际教学中除了要重视课堂理论教学外，更要重视实验实践教学，为此我们编写了本书，同时本书也是《C 语言程序设计教程》的配套实验教材。基于工程教育专业认证和师范类专业认证的理念，本书重构了教学内容，用若干个趣味程序及课程设计案例贯穿全书。

本书一方面以“程序理解、程序调试、程序设计”为主线，由浅入深，层层递进，践行程序设计“知信行统一”理念，体现“CDIO 做中学”工程教育思想；另一方面以 OBE 为导向，强调项目式教学和递增式程序开发，使用本书进行教学，可以更好地实现培养应用型人才的目标。本书配套的 MOOC 课程“C 语言程序设计”也已经在头歌在线评测平台上线，借助在线评测平台，对于教师而言，可以检验教学效果，对于学生而言，既有利于他们学习程序设计的基本概念和方法，掌握编程的技术，又有利于培养他们解决问题的能力和创新能力。

本书是教育部产学合作协同育人项目“工程认证背景下‘C 语言程序设计’课程思政教学改革研究与实践”（项目编号：220904185155025）、山东省本科教学改革研究项目“基于 OBE 理念的软件开发基础课程群实施课程思政的教学改革研究”（项目编号：M2022147）、山东省高等学校课程思政研究中心资助项目（项目编号：SZ2023039）、“课程思政”理念下的程序设计类课程改革与实践（项目编号：2020016）等项目的部分研究成果，也是国家级一流本科课程“C 语言程序设计”（2023241048）的配套教材。

本书虽经多次修改，但由于作者水平有限，书中不妥之处在所难免，敬请广大读者批评指正。

编　者

2023 年 10 月

目　录

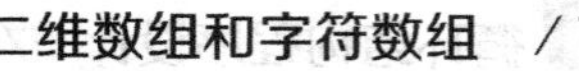

第 1 章 C 程序初步

通过实验，初步理解 C 程序的构成，熟悉实验环境，掌握简单程序的编制、调试过程，通过验证程序的运行结果，激发学习程序设计的兴趣。

1.1 相关基础知识

1.1.1 程序

计算机是一种按程序自动进行信息处理的通用工具。现代计算机的工作都是基于冯·诺依曼的存储程序控制原理，按照存放在存储器中的程序自动进行工作。

程序是用计算机语言对解决问题的算法的描述。计算机语言分为机器语言、汇编语言、高级语言三类。

计算机语言处理程序有汇编程序、解释程序、编译程序。

编译程序是一种翻译程序，它把用高级程序设计语言编写的源程序翻译成等价的计算机汇编语言或机器语言的目标程序。它以高级程序设计语言编写的源程序作为输入，而以汇编语言或机器语言表示的目标程序作为输出。

源程序是一种文本类型的文件，可以用各种编辑软件生成。C 语言源程序就是用 C 语言元素构成的一个文本文件。

可执行文件中的内容是由源程序中所写的代码和数据定义转换而来的，可执行文件可以加载到内存中，并由操作系统加载程序执行，它的文件扩展名可以是 exe、com 等。

要生成一个可执行文件，一般用编译器将源程序编译为 obj 文件，再用链接器将 obj 文件链接成 exe 文件，用不同程序设计语言开发程序的过程都差不多。

1.1.2 集成开发环境

较早期程序设计的各个阶段都要用不同的软件来进行处理，如先用字处理软件编辑源程序，然后用链接程序进行函数、模块链接，再用编译程序进行编译，开发者必须在几种软件间来回切换操作。现在的编程开发软件将编辑、编译、调试等功能集成在一个窗口环境中，这样就大大方便了用户。

集成开发环境（integrated development environment，IDE）是一种提供程序开发环境的

应用程序，一般包括代码编辑器、编译器、调试器和图形用户界面工具。它集成了代码编写功能、分析功能、编译功能、调试功能等。所有具备这一特性的软件或者软件套（组）都可以称为集成开发环境。如微软的 Visual Studio 系列，Borland 的 C++Builder、Delphi 系列等。这类程序可以独立运行，也可以和其他程序并用。

可视化编程（也称为可视化程序设计）以“所见即所得”的编程思想为原则，力图实现编程工作的可视化，即随时可以看到结果，程序与结果的调整同步。

可视化编程是与传统的编程方式相比而言的，这里的“可视”，指的是设计界面时，无须自己编程，仅通过直观的操作方式即可完成，它是目前最好的 Windows 应用程序开发工具。可视化编程语言的特点主要表现在两个方面：一是基于面向对象的思想，引入了类的概念和事件驱动；二是基于面向过程的思想。程序开发过程一般遵循以下步骤：先进行界面的设计绘制工作，再基于事件编写程序代码，以响应鼠标、键盘的各种动作。

1.1.3 Visual C++ 6.0

Visual C++ 6.0，简称 VC 或者 VC 6.0，是微软推出的一款 C++编译器，是将“高级语言”翻译为“机器语言（低级语言）”的程序。Visual C++是一个功能强大的可视化软件开发工具。自 1993 年 Microsoft 公司推出 Visual C++ 1.0 后，随着其新版本的不断问世，Visual C++已成为专业程序员进行软件开发的首选工具。虽然微软公司后来推出了 Visual C++. NET（Visual C++ 7.0），但它的应用有很大的局限性，只适用于 Windows 2000、Windows XP 和 Windows NT 4.0，所以在实际中，更多的还是以 Visual C++ 6.0 为开发平台。

Visual C++ 6.0 由 Microsoft 开发，它不仅是一个 C++编译器，而且是一个基于 Windows 操作系统的可视化集成开发环境。Visual C++ 6.0 由许多组件组成，包括编辑器、调试器以及程序向导 App Wizard、类向导 Class Wizard 等开发工具。这些组件通过一个名为 Developer Studio 的组件集成为和谐的开发环境。

1.2 实验内容

1.2.1 建立及运行第一个 C 程序

1. 建立源程序。

(1) 进入 Visual C++主窗口（简称 VC 环境），如图 1.1 所示。

(2) 执行“文件”→“新建”菜单命令，打开“新建”对话框，如图 1.2 所示。

(3) 选择“文件”选项卡，单击“C++ Source File”选项，在“文件名”文本框内输入文件名，如“ex11. c”，单击“确定”按钮，进入编辑窗口，如图 1.3 所示。

微视频：
第一个 C 程序

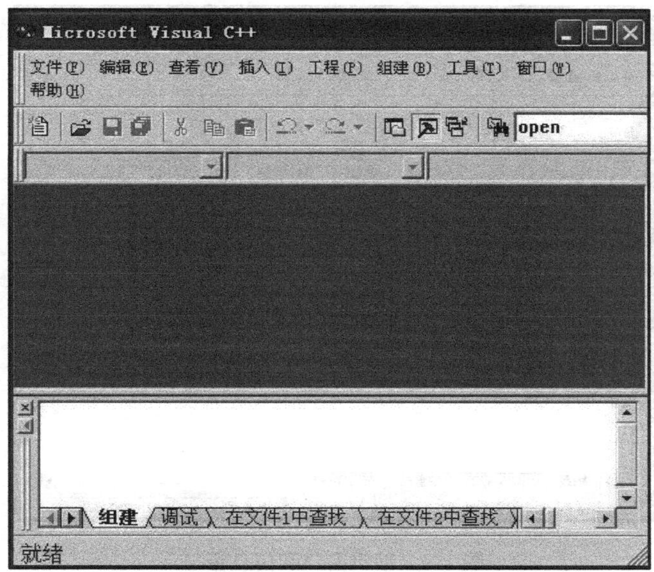

图 1.1 Visual C++主窗口

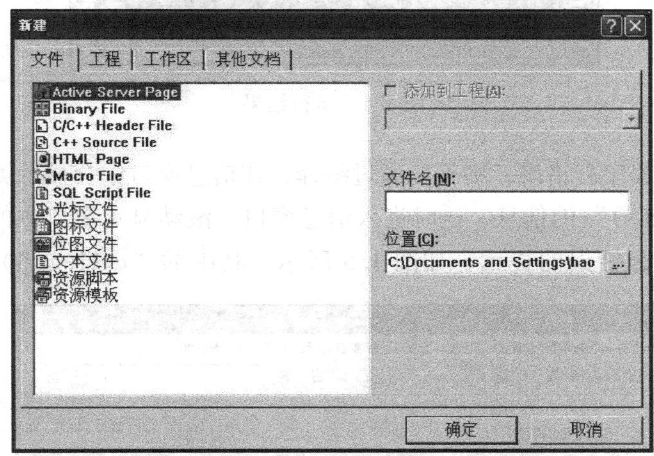

图 1.2 “新建”对话框

对于已建立好的 C 程序文件，在包含它的文件夹内双击其文件图标也能启动 VC，并自动打开此 C 程序文件。

2. 调试、运行程序。

(1) 执行“组建”→“编译［exl1. c］”菜单命令，根据提示建立工作项目工作区及保存源文件，如果没有错误，在图 1.3 下半部分的信息窗口中将显示“ex11. obj - 0 error(s), 0 warning(s)”，表示编译通过。

(2) 单击工具栏上的快捷按钮“!”，运行程序，即可得图 1.4 所示的结果。其中，“Press any key to continue”是 Visual C++系统自动添加的。

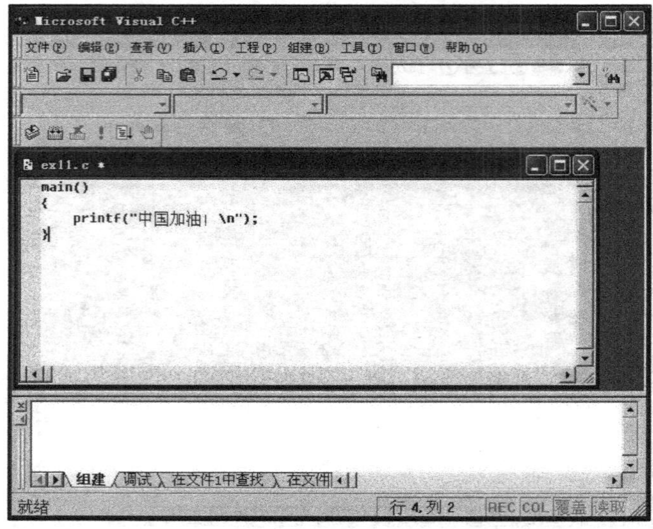

图 1.3 编辑窗口和信息窗口

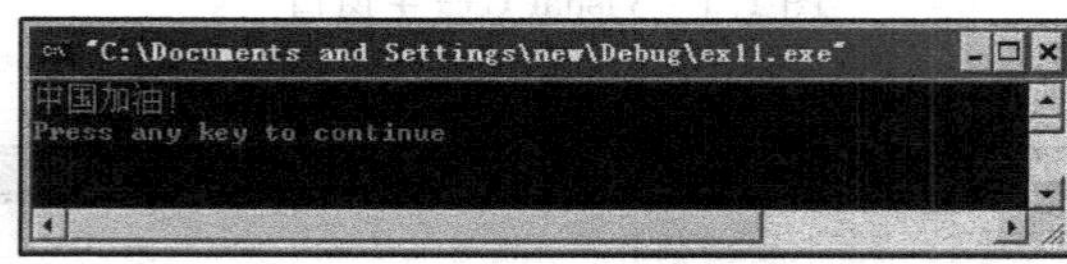

图 1.4 运行结果

如果输入的源程序有错误，则不会通过编译，在信息窗口中会显示类似“ex11. obj- 1 error(s), 0 warning(s)”的信息，这时进入信息窗口，滚动显示窗口中的内容，可以看到指出在某行发生什么错误的提示，如图 1.5 所示。其中的“ex11. c(3): warning C4013:

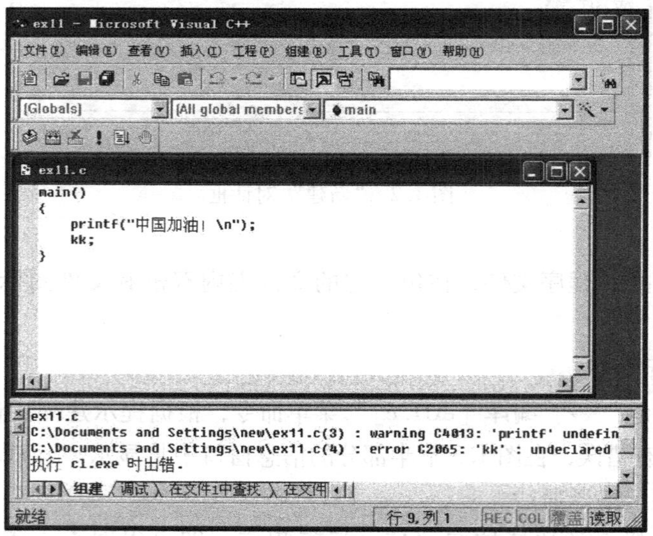

图 1.5 调试信息

'printf' undefined; assuming extern returning int”是警告信息，表示不影响生成目标程序和可执行程序，但是有可能影响程序运行结果，对本程序而言，这个提示表示，应在程序首行输入“#include<stdio. h>”。而“ex11. c(4) : error C2065: 'kk' : undeclared identifier”的错误提示，则表示在程序中出现了未定义的标识符 kk，删除它即可。

如果已完成了对一个程序的操作，执行“文件”→“关闭”菜单命令，即可结束对该程序的操作。

1.2.2 建立自己的 C 程序

参照上述步骤建立一个 C 程序文件，并把源文件放在自定义的文件夹内，编辑、调试、运行后，观察自定义文件夹内的变化。

微视频：文件名与编译

要点提示：

（1）使用“资源管理器”窗口或“我的电脑”窗口建立自定义文件夹，在图 1.2 所示的“新建”对话框中，把文件的保存位置设置为自定义文件夹。把相应的文件也放在自定义文件夹内，可以方便文件的保存及管理，以备后用。另外，一般机房都安装了还原保护系统，将相应的文件放在自定义文件夹内，可以防止意外丢失。

微视频：编辑错误

（2）用“记事本”程序打开自定义文件夹内的 C 语言源程序，理解文本文件的概念。

（3）在 Debug 文件夹内运行可执行文件，查找资料学习 DOS 环境下运行程序的步骤，并了解 DOS 操作系统的相关知识。

（4）源程序的字符和标点符号一定要在半角（英文）状态下输入，同时要注意区分大小写，一般情况下都用小写。

请将观察到的结果及在程序中遇到的问题记录在表 1.1 中。

表 1.1 实验记录及总结 1

实验记录	总结

1.2.3 建立 C++源程序

前面我们建立的都是 C 语言源程序，C++源程序是以 .cpp 为扩展名的文本文件，在新建文件时如果不指定文件名的扩展名，则默认其扩展名为 .cpp，C++对源程序进行编译时，按照 C++语法格式要求进行编译，再次试验上面的程序，不输入文件的扩展名，查看能否编译成功。

把源程序改为如下格式再试验一下：

```
#include <stdio.h>
void main( )
{
    printf("My first Program!");
}
```

比较当源文件的扩展名不同时，两者有何区别，请将观察到的区别记录在表 1.2 中。

表 1.2 实验记录及总结 2

实验记录	总结

1.3 程序体验

调试通过上面的程序后，先关闭 VC 系统，然后再重新进入，仔细输入下面所示的程序代码，运行并体验编写程序的乐趣。

在后面的实验中要使用随机数，这时程序要包含头文件 stdlib.h。为使随机数更“随机”，可以在使用 rand( )“随机数”函数之前，先使用 srand( )“随机数种子”函数播种一个随机数种子。为使随机数“真正”地“随机”，要使用 time(0)函数作为 srand( )函数的参数，time(0)函数包含在头文件 time.h 中。

```
#include<stdlib.h>
#include <time.h>
main( )
```

```
{
    int a, b, c;
    srand((unsigned)time(0));
    printf(" *** 九九乘法口诀测试程序 *** \n");
    printf(" ***** 结果输入 0  结束 ***** \n");
    do
    {
        a=rand()%9+1;
        b=rand()%9+1;
        printf("请输入结果%d * %d=", a, b);
        scanf("%d", &c);
        if(c==a*b)
            printf("你答对了! \n");
        else
            printf("正确结果是%d\n", a*b);
    }while(c>0);
}
```

完成上述体验后，你还想实现什么功能呢？和其他同学讨论如何实现并预习后面的知识，看能否解决？要相信自己！

【思考】调试通过前面编写的程序后，在编写新的程序前要关闭 VC 系统，再重新进入，这是为什么呢？

请将程序运行结果及在程序中遇到的问题记录在表 1.3 中。

表 1.3　实验记录及总结 3

实验记录	总　结

第 2 章

C 语言的数据

通过实验，初步理解 C 语言的基本数据类型，掌握常量、变量的定义方法，通过验证程序的运行，掌握整型、实型、字符类型数据的基本用法。

2.1 程序理解

1. 阅读并运行程序，掌握整型常量的表示方法。

【思考】本题考查的是整型常量的八进制、十六进制及十进制的表示方法，并以十进制形式输出。思考八进制、十六进制与十进制之间的相互转换并写出题目中数据的转换过程（按权展开式）。

```
main()
{
  int a=123, b=-456;
  int c=0123, d=-011;
  int e=0x123, f=-0x12;
  printf("a=%d b=%d\n", a, b);
  printf("c=%d d=%d\n", c, d);
  printf("e=%d f=%d\n", e, f);
}
```

程序运行结果是：

___

___

2. 阅读并运行程序，理解整型数据的溢出问题。

```
#include <limits.h>
main()
{
    int a, b;
    a= INT_MAX;
```

```
    b=a+1;
    printf("\na=%d, a+1=%d\n", a, b);
    a=-INT_MAX-1;
    b=a-1;
    printf("\na=%d, a-1=%d\n", a, b);
}
```

程序运行结果是:

____

____

在计算机上搜索 limits.h 文件，用“记事本”程序打开查看其内容，查看常量 INT_MAX 的定义，初步理解头文件的作用。

3. 阅读并运行程序，理解实型数据表示。

```
main()
{
  float a, b;
  a=0.0000001;
  b=1E-8;
  printf("a=%.10f\n", a);
}
```

程序运行结果是什么，为什么?

____

____

请尝试用其他数据替换 a、b 的值，进一步理解实数的近似表示及误差原理，请将实验结果记录在表 2.1 中。

表 2.1 实验记录及总结 1

实验记录	总结

4. 阅读并运行程序，理解字符型数据的表示方法。

【思考】本题考查的是字符型数据的表示方法。思考字符型与整型数据相互赋值的原理和规则。

```
main()                    /*字符'a'的各种表达方法*/
{
   char c1='a';
   char c2='\x61';        /*note:'\x..', '\...'*/
   char c3='\141';
   char c4=97;
   char c5=0x61;          /*note: 0x.., 0...*/
   char c6=0141;
   printf("\nc1=%c, c2=%c, c3=%c, c4=%c, c5=%c, c6=%c\n", c1, c2, c3,
c4, c5, c6);
   printf("c1=%d, c2=%d0, c3=%d, c4=%d, c5=%d, c6=%d\n", c1, c2, c3, c4,
c5, c6);
}
```

程序运行结果是：

____

____

5. 阅读并运行程序，理解字符型数据的表示方法。

```
main()
{
    char a,b;
    a= 127;
    b=a+1;
    printf("\na=%d, a+1=%d\n", a, b);
    a=-128;
    b=a-1;
    printf("\na=%d, a-1=%d\n", a, b);
}
```

程序运行结果是：

____

____

下面程序的运行结果与上面程序有何区别？为什么？

```
main()
{
    char a;
    a=127;
    printf("\na=%d, a+1=%d\n", a, a+1);
    a=-128;
    printf("\na=%d, a-1=%d\n", a, a-1);
}
```

程序运行结果是：

____

____

2.2 程序调试

1. 调试求圆的面积的程序示例。

（1）输入以下源程序（说明：此程序中有错误）。

```
#define PI 3.14;
mian()
{
  float r; area;
  scanf("%f", &r);
  area=r*r*PI;
  printf("area=%f\n", area);
}
```

（2）按 Ctrl+F7 组合键或单击工具栏上的“编译”按钮（将鼠标指针移至工具按钮图标上时，会显示该按钮的名称和对应的快捷键），编译源程序并观察信息窗口中的调试信息。可以看到窗口有错误提示信息“error C2065: 'area' : undeclared identifier”，这表示 area 是一个未定义的标识符，双击错误提示信息行，源程序中会出现箭头指示 `float r;area;`，可以看到，在 area 之前是分号，应将其改为逗号。

微视频：
语句错误 1

（3）修改源程序后再次编译。

在输入逗号时，如果输入了全角逗号，编译后会出现如下所示的错误提示。

微视频：
语句错误 2

```
Compiling...
ex.c
```

```
D:\tom\ex.c(4) : error C2018: unknown character '0xa3'
D:\tom\ex.c(4) : error C2018: unknown character '0xac'
D:\tom\ex.c(4) : error C2146: syntax error : missing ';' before identifier 'area'
D:\tom\ex.c(4) : error C2065: 'area' : undeclared identifier
D:\tom\ex.c(5) : warning C4013: 'scanf' undefined; assuming extern returning int
D:\tom\ex.c(6) : warning C4244: '=' : conversion from 'double ' to 'int ', possible loss
of data
D:\tom\ex.c(7) : warning C4013: 'printf' undefined; assuming extern returning int
```

执行 cl.exe 时出错，出现提示信息：

```
ex.obj- 1 error(s), 0 warning(s)
```

“unknown character '0xac'” 等几条错误都是由全角逗号引起的，以后应注意，程序中的元素只能是英文半角符号，只有在字符串内才可以用全角符号。

重新修改并编译程序。编译时没有出错，但运行时显示出错提示，这是因为链接时出错了。

```
Linking...
LIBCD.lib(crt0.obj) : error LNK2001: unresolved external symbol _main
Debug/ex.exe : fatal error LNK1120: 1 unresolved externals
```

执行 link.exe 时出错：

```
ex.exe- 1 error(s), 0 warning(s)
```

这表明不能找到主程序，再次检查程序时可以发现，“main” 拼写出错了，修改后即可。

正确的源程序如下：

```
#define PI 3.14;
main()
{
  float r, area;
  printf("输入半径：  ");
  scanf("%f", &r);
  area=r*r*PI;
  printf("area=%f\n", area);
}
```

现在再把 “float r, area;” 中的逗号改为空格，观察会出现什么提示信息，将出现的信息记录在下方。

再次仔细观察程序，发现程序中的常量定义处还有错误，但编译时没有显示出这个错误，如果把求面积的语句改写为“area = PI * r * r;”，程序还能正确运行吗？请将运行结果记录在下方。

2. 在屏幕上显示一个短句“Welcome to You!”的源程序（说明：此程序中有错误）如下，请调试该程序并在下方记录调试过程。

```
#include <stdio. h>
void mian( )
{
    printf( Welcome to You! \n" )
}
```

2.3 程序设计

1. 设计程序：已知一个圆的周长，求圆面积。

【提示】首先输入圆的周长，然后通过圆的周长求出圆的半径，最后通过面积公式求出圆的面积并输出。

2. 设计程序：输入3个整数，求它们的和及平均值。

【提示】首先输入3个整数，然后利用加法（+）运算求出3个数的和，利用除法（/）运算求出其平均值，最后输出和及平均值。请试着输入多组样例，找出整数和整数相除的规则。

第 3 章

运算符和表达式

通过实验，掌握各类运算符的含义及基本用法，理解相关运算符的优先级和结合性，掌握用 C 语言表达式编写程序的基本技能。

3.1 程序理解

1. 阅读并运行程序，掌握整型数的运算方法。

【注意】在最后一行 printf( )语句中的“%%”使用两个%符号，这是因为%在 printf( )中是引导符，输出它本身时需要连续的两个符号。

```
main( )
{
    int a=8, b=5;
    printf("a=%d b=%d\n", a, b);
    printf("a+b=%d\n", a+b);
    printf("a-b=%d\n", a-b);
    printf("a * b=%d\n", a * b);
    printf("a/b=%d\n", a/b);
    printf("a%%b=%d\n", a%b);
}
```

程序运行结果是:

变换 a、b 的值，程序运行结果是:

---

2. 阅读并运行程序，理解整型数据的自增自减运算方法。

```
main()
{
  int a=8, b=5, i, j;
  printf("a=%d b=%d\n", a, b);
  i=a++;
  j=++b;
  printf("a=%d b=%d\n", a, b);
  printf("i=%d j=%d\n", i, j);
}
```

程序运行结果是：

____

____

把++更换为--后，运行结果是：

____

____

3. 阅读并运行程序，掌握算术表达式的用法。

```
#include <math.h>
main()
{
  float a=2.0;
  int b=6, c=3;
  printf("a*b/c-1.5+'A'+abs(-5)=%f\n", a*b/c-1.5+'A'+abs(-5));
}
```

程序运行结果是：

____

____

4. 阅读并运行程序，掌握算术函数的用法。

```
#include <math.h>
#define PI 3.14
main()
{
  float a=2.71828;
  printf("log(a)=%f\n", log(a));
  printf("log10(100)=%f\n", log10(100));
```

微视频：

语句错误3

```
    printf("exp(1)=%f\n", exp(1));
    printf("sin(PI/2)=%f\n", sin(PI/2));
}
```

程序运行结果是：

5. 阅读并运行下述两个程序，理解运算符优先级的结合性及运算顺序。

```
main()
{
    int a=5, b=3, c, d;
    c=a+b+--b;
    printf("b=%d\n", b);
    printf("c=%d\n", c);
    d=a%b/b;
    printf("d=%d\n", d);
}
```

程序运行结果是：

```
main()
{
    int x=3, y, z;
    x *=6+1;
    printf("%d\n", x--);
    printf("%d\n", x);
    x+=y=z=4;
    printf("%d\n", x);
    x=y==z;
    printf("%d\n", -x++);
}
```

程序运行结果是：

6. 阅读并运行下述两个程序，理解类型转换方法。

```
main()
{
    float a=12.34f, b;
    b=(int)(a*10+0.5)/10.0f;
    printf("b=%f\n", b);
}
```

程序运行结果是：

```
main()
{
    char a=(char)0xff;
    printf("%d\n", a--);
}
```

程序运行结果是：

---

7. 阅读并运行程序，理解赋值运算方法。

```
main()
{
   int a=7, b=8, c=9;
   c=(a-=(b-5));
   printf("a=%d\n", a);
   printf("c=%d\n", c);
   c=(a%11)+(b=3);
   printf("b=%d\n", b);
   printf("c=%d\n", c);
}
```

程序运行结果是：

---

8. 阅读并运行程序，理解赋值运算。理解程序执行的功能：不借助中间变量实现交

换两个变量的值。

```
main()
{
    int a=5, b=3;
    printf("a=%d, b=%d\n", a, b);
    a+=b;
    b=a-b;
    a-=b;
    printf("a=%d, b=%d\n", a, b);
}
```

程序运行结果是:

____

____

3.2 程序调试

1. 下述程序的功能是分别求 a++与++b 的和及 a--与--b 的差，源程序（说明：程序中有错误）如下，请调试运行，并试着理解整型数据的自增自减运算。

```
main()
{
    int a=8, b=5, i, j;
    printf("a=%d b=%d\n", a, b);
    i=a+++++b;
    printf("a=%d b=%d\n", a, b);
    j=a-----b;
    printf("a=%d b=%d\n", a, b);
    printf("i=%d j=%d\n", i, j);
}
```

请将在调试过程中遇到的问题及解决方法记录在表 3.1 中。

2. 试求 y 分别等于 5、6.8、10.3 时，$\cos 61°+8e^{y}$的值。

源程序（说明：程序中有错误）如下，请调试运行。

表 3.1 实验记录及总结 1

实验记录	总结

```
#define PI 3.14
main()
{
    float y;
    printf("输入 y:");
    scanf("%f", &y);
    printf("y=%f 时表达式的值为:%f\n", y, cos(61/180 * PI)+8 * exp(y));
}
```

输入 5 时，表达式的值应为 1187.790554，请调试程序，得到正确的结果。

请将错误提示信息及解决方法记录在表 3.2 中。

表 3.2 实验记录及总结 2

实验记录	总结

3.3 程序设计

微视频：
做中学1

1. 设计程序：求 3.14159^8 的值。你能用几种方法编程？不同方法之间的区别是什么？请尝试分别用库函数和不用库函数实现。

（1）用库函数实现。

（2）不用库函数实现

2. 设计程序：求一元二次方程的根（假设存在实根）。

【提示】首先输入一元二次方程的3个系数（保证存在实根），然后利用一元二次方程的求根公式计算出方程的根，最后输出方程的根。

第 4 章

顺序结构程序设计

通过实验，理解输入输出含义，掌握输入输出函数的基本用法，掌握编写简单程序的基本技能。

4.1 程序理解

1. 阅读并运行程序，理解输出函数的用法，进一步理解整数在内存中以补码的形式存储。

```
main( )
{
  int a=-1;
  printf("十进制:a=%d\n", a);
  printf("八进制:a=%o\n", a);
  printf("十六进制:a=%x\n", a);
  printf("无符号:a=%u\n", a);
  printf("无符号:a=%u\n", a);
  printf("字符:a=%c\n", a);
}
```

程序运行结果是：

____

____

改变 a 的值，观察当 a=97 时的运行结果，并将结果记录在下方。

____

____

2. 阅读并运行程序，理解实型数据的输出形式，进一步理解实数的精确度问题。

```
main( )
{
  float a=1234567.890987654321;
```

```
    double b=1234567.890987654321;
    long double c=1234567.890987654321;
    printf("a=%f, b=%f, c=%f\n", a, b, c);
    printf("a=%20.10f, b=%20.15f, c=%20.15f\n", a, b, c);
    printf("2a=%20.10f, 2b=%20.15f, 2c=%20.15f\n", 2*a, 2*b, 2*c);
}
```

程序运行结果是：

____

____

3. 阅读并运行程序，理解 printf( ) 函数输出列表中各输出项的运算顺序是从右到左，进一步理解自增、自减运算，注意 VC 编译系统的特点。

```
main()
{
    int a=1, b=2;
    printf("a=%d, b=%d\n", a, b);
    printf("%d   %d\n", --a+b, a-b++);
    printf("a=%d, b=%d\n", a, b);
}
```

程序运行结果是：

____

____

4. 阅读并运行程序，掌握输入函数的用法。

```
main()
{
    int a, b;
    printf("输入十进制 a、b 的值,用空格分隔");
    scanf("%d%d", &a, &b);
    printf("a=%d, b=%d\n", a, b);
    printf("输入八进制 a、b 的值,用空格分隔");
    scanf("%o%o", &a, &b);
    printf("a=%d, b=%d\n", a, b);
    printf("输入十六进制 a、b 的值,用空格分隔");
    scanf("%x%x", &a, &b);
    printf("a=%d, b=%d\n", a, b);
}
```

第 1 次运行程序时，输入如下数据：

```
12 34(按 Enter 键)
12 34(按 Enter 键)
12 34(按 Enter 键)
```

请在下方记录并解释运行结果。

____

____

第 2 次运行程序时，输入如下数据：

```
12 78(按 Enter 键)
12 78(按 Enter 键)
1a 1g(按 Enter 键)
```

请在下方记录并解释运行结果。

____

____

5. 阅读并运行程序，掌握输入函数的用法。

```
main()
{
  float x; double y; long double z;
  printf("输入 x、y、z 的值,用空格分隔\n");
  scanf("%f%lf%lf", &x, &y, &z);
  printf("x=%f, y=%20.12f, z=%20.12f\n", x, y, z);
}
```

当输入为：1234567.7890987654321 1234567.7890987654321 1234567.7890987654321 时，程序运行结果是：

____

____

4.2 程序调试

1. 下述程序用于输出 5 的阶乘的值，请编译程序，并针对出现的提示调试程序，直至编译通过。请将出现的提示信息记录在下方。

```
main()
{
    printf("Factorial of %d is %f\n", 5, 1*2*3*4*5);
}
```

修改方法：把%f 改为%d，或把表达式中的 5 改为 5.0，然后再次运行程序，结果如何？请将运行结果填写在下方并思考在 printf()中表达式的值会自动进行类型转换吗？

2. 按要求运行下述程序，理解 scanf()函数的用法，观察当输入正确与输入错误时，返回值是什么及其代表的含义。

```
#include<stdio.h>
main()
{
   int x;
   printf("%d", scanf("%d", &x));
}
```

当输入 12（按 Enter 键）时，程序运行结果是：

再次运行程序，输入 d（按 Enter 键），程序运行结果是：

3. 有以下程序：

```
main()
{
    int m, n, p;
    scanf("m=%dn=%dp=%d", &m, &n, &p);
    printf("%d%d%d\n", m, n, p);
}
```

从键盘上输入数据，使变量 m 中的值为 123，n 中的值为 456，p 中的值为 789，则应该怎样正确地输入？

运行程序，分别按如下所述进行输入，观察程序运行结果，并将结果记录在下方。

```
123 456 789(按 Enter 键)
m=123, n=456, p=789(按 Enter 键)
m=123 n=456 p=789(按 Enter 键)
m=123n=456p=789(按 Enter 键)
```

4.3 程序设计

1. 设计程序：输入一个长方体的长、宽、高，求其体积。

【提示】首先利用输入函数输入长方体的长、宽、高，然后利用长方体的体积公式计算其体积，最后用输出函数输出其体积。

2. 设计程序：求半径为 r 的球的面积及体积。

【提示】首先利用输入函数输入球的半径，然后利用球的表面积及体积公式计算其表面积和体积，最后利用输出函数输出其表面积和体积。

4.4 课程设计

课程设计是学习本课程后提高综合应用能力的一个环节。在课程设计中，通过案例，学习常用的数据组织形式；通过编制趣味程序或小型系统，进一步提高设计算法和编制程序的能力。下面提供的案例是本课程的一个综合案例。

一个大程序可以分成若干个小的步骤来完成，从界面设计、算法设计到程序调试是一个循序渐进的过程。

界面是程序运行中与用户交互的方式，一个好的程序首先要有一个良好的界面，给用户提供丰富的信息，方便用户的输入输出。设计如图 4.1 所示的程序显示菜单，并在接受用户的输入后显示用户选择的功能号。

```
+*+*++++++++++++++++++++++++++++++++++++++++*+
+*+                 主菜单                 +*+
+*+                 1.设置                 +*+
+*+                 2.发牌                 +*+
+*+                 3.退出                 +*+
+*+*++++++++++++++++++++++++++++++++++++++++*+
```

图 4.1　程序显示菜单

第 5 章

选择结构程序设计

通过实验，理解关系运算符、逻辑运算符及表达式，掌握分支语句的用法，掌握编写分支程序的基本技能。

5.1 程序理解

1. 阅读并运行程序，理解关系运算及逻辑运算。

【思考】如何利用关系及逻辑运算符表达自然语言描述的内容。

```
main()
{
    int a=3, b=2, c=1;
    printf("a>b 的值:%d\n", a>b);
    printf("b+c<a 的值:%d\n", b+c<a);
    printf("a==3 的值:%d\n", a==3);
    printf("a=3 的值:%d\n", a=3);
    printf("a<b||a<c 的值:%d\n", a<b||a<c);
    printf("b<a&&c<a 的值:%d\n", b<a&&c<a);
    printf("a 是奇数:%d\n", a%2);
    printf("a 是奇数:%d\n", a%2==1);
    printf("b 是偶数:%d\n", b%2==0);
}
```

程序运行结果是:

____

____

2. 阅读并运行程序，理解运算符的优先级。

```
main()
{
    int a=-1, b=3, c;
```

```
    c=a++<0&&!(b--<=0);
    printf("a=%d, b=%d, c=%d\n", a, b, c);
}
```

程序运行结果是：

____

____

3. 阅读并运行程序，理解关系表达式的表述方式。

```
#define PI 3.14
main()
{
    float a;
    printf("输入角 a 的值(弧度<2PI):\n");
    scanf("%f", &a);
    printf("在第 1 象限:%d\n", a>0&&a<PI/2);
    printf("在第 2 象限:%d\n", a>PI/2&&a<PI);
    printf("在第 3 象限:%d\n", a>PI&&a<3*PI/2);
    printf("在第 4 象限:%d\n", a>3*PI/2&&a<2*PI);
}
```

分别输入 1.2、2.9、4.5 时的程序运行结果是：

____

____

修改程序，改为输入角度，输出所在象限。改后的程序为：

____

____

____

____

修改程序，改为当输入点的坐标为(x,y)时，输出所在象限。改后的程序为：

____

____

____

____

4. 阅读并运行程序，理解 if 语句和 if 语句的嵌套。

```
main()
{
    int a=5, b=3, x=3, y=0;
```

```
    if(a<b)
        if(b!=10)
            if(!x)
                x=1;
        else
                if(y) x=10;
                x=-9;
        printf("%d\n",x);
}
```

程序运行结果是：

____

____

else 总是与其前面没有匹配的离它最近的 if 语句配对，而不是表现为写成怎样的对应关系，因此，上述程序写成下面的形式将更清晰。

```
main()
{
    int a=5,b=3,x=3,y=0;
    if(a<b)
        if(b!=10)
            if(!x)
                x=1;
            else
                if(y) x=10;
    x=-9;
    printf("%d\n",x);
}
```

5. 阅读并运行程序，掌握 switch 语句的用法。

【思考】switch 语句的执行过程。注意一旦找到入口，就会执行所有语句，直到遇到 break 或 switch 语句才结束。

```
main()
{
    int a=-1,b=3;
    switch(a)
    {
        case 1:a++;
```

```
        default: a+=b;
        case 2: b--;
        case 3: a--;
            if(a) break;
        case 4: a=4;
    }
    printf("a=%d, b=%d\n", a, b);
}
```

程序运行结果是:

____

____

5.2 程序调试

1. 下述程序用于输入参数 a、b、c 后，求一元二次方程 $ax^2+bx+c=0$ 的根。源程序（说明：程序中有错误），请调试运行。

```
#include<stdio.h>
#include<math.h>
main()
{
    double a, b, c, d;
    printf("输入一元二次方程 a b c :");
    scanf("%lf%lf%lf", &a, &b, &c);
    d=b*b-4*a*c;
    if(a==0)
    {
        if(b=0)
        { if(c==0)
              printf("a=b=c=0,0==0,本方程无意义!");
          else
              printf("a=b=0,c!=0,本方程不成立");
        }
        else
            printf("x=%0.2f\n", -c/b);
    }
```

```
        else
            if(d>=0)
            { printf("x1=%0.2f\n",(-b+sqrt(d))/(2*a));
                printf("x1=%0.2f\n",(-b-sqrt(d))/(2*a));
            }
        else
        {   printf("x1=%.2f+%.2fi\n",-b/(2*a),sqrt(-d)/(2*a));
            printf("x1=%.2f-%.2fi\n",-b/(2*a),sqrt(-d)/(2*a));
        }
}
```

当对上述程序进行编译、链接后，没有出现错误信息，程序运行结果如图5.1所示。

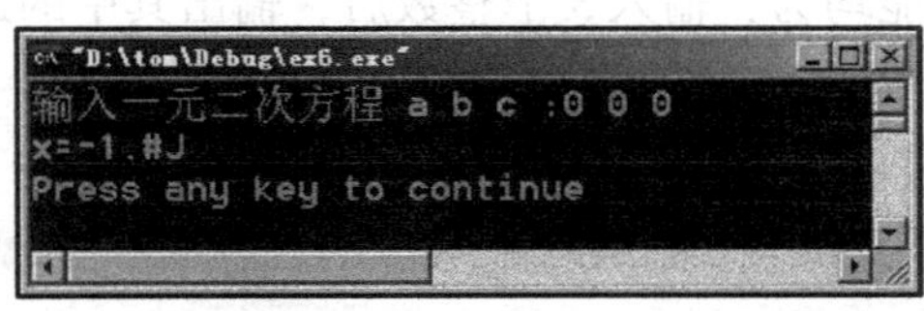

图5.1 程序运行结果

但当输入"0 0 0"后，本应执行"printf("a=b=c=0,0==0,本方程无意义!");"语句，但图5.1显示的结果并非如此，由此可知本程序存在问题，经检查发现，语句"if(b=0)"不正确，应改为"if(b==0)"。

继续调试此程序，并将调试过程记录在下方。

---

2. 数学中，公式"3<a<5"表示a在(3,5)区间内，下述程序能实现判断a的值是否在(3,5)区间内的功能吗？请调试程序，使它能实现上述功能。

```
main()
{
    int a;
    scanf("%d",&a);
    printf("%d\n",3<a<5);
}
```

请将调试过程及结果记录在表5.1中。

表 5.1　实验记录及总结 1

实 验 记 录	总　　结

3. 下面两个程序的功能均为：输入 3 个整数后，输出其中的最大值。请调试运行这两个程序。

程序 1：

```
main()
{
    int a, b, c, max;
    printf("Input a b c");
    scanf("%d%d%d", a, b, c);
    if(a>b);
        max=a;
    else
        max=b;
    if(max<c) max=c;
    printf("max=%d\n", max);
}
```

程序 2：

```
main()
{
    int a, b, c;
    printf("Input a b c");
    scanf("%d%d%d", a, b, c);
    if(a>b);
        if(a>c) printf("max=%d\n", a);
```

```
        else      printf("max=%d\n", c);
    else
        if(b>c) printf("max=%d\n", b);
        else      printf("max=%d\n", c);
}
```

请将调试过程及结果记录在表 5.2 中。

表 5.2 实验记录及总结 2

实验记录	总结

5.3 程序设计

1. 定义 3 个整型变量，分别代表当前的年份、月份和日期，试用 switch 语句编程求出这一天是该年的第几天。

【提示】根据 switch 语句在执行 case 分支过程中，若没有 break 语句，继续执行后续语句的特点，在计算第 N 月时，1~N-1 各个月份的天数要相加，巧妙设计 switch 中 case 分支次序以便求解。

2. 设计程序：从键盘输入一个 3 位正整数，输出由这 3 个位上的数字组成的最大数与最小数。如输入 213，则输出 321 123。

【提示】设计程序时要注意检验输入数据的合法性。首先从输入的正整数中分离出 3 个位置上的数字 a、b、c，并按从小到大的顺序排列，然后分别用这 3 位数字组成 max、min。

5.4 课程设计

继续完善第 4 章所编制的界面显示程序。设计程序显示菜单，如图 5.2 所示，并接受用户输入的序号，当用户输入错误时，输出提示信息，输入正确时，则显示用户选择序号的相应功能的名称。

```
+*+*+++++++++++++++++++++++++++++++++++++*+
+*+              主菜单                  +*+
+*+              1.设置                  +*+
+*+              2.发牌                  +*+
+*+              3.退出                  +*+
+*+*+++++++++++++++++++++++++++++++++++*+*+
```

图 5.2　程序显示菜单

第 6 章

循环结构程序设计

通过实验，熟练掌握由 for、while 和 do…while 构成的循环语句的语法结构，理解循环结构程序段中语句的执行过程，掌握 continue 语句与 break 语句在循环结构中的作用与区别。

6.1 程序理解

1. 阅读并运行程序，掌握循环结构的一般形式。

```
main()
{
    int s, i, t;
    s=0;            /*第4行*/
    t=1;
    for(i=1; i<=101; i+=2)
    {
        s=s+i*t;
        t=(-1)*t;
    }
    printf("1-3+5-7…-99+101=%d\n", s);
}
```

程序运行结果是：

____

____

【注意】程序中第 4 行能否删除呢？答案是不能，因为该语句用来设置 s 的循环初值，对于累加运算，常把初值设置为 0；对于累乘运算，常把初值设为 1。

【思考】请用 while 语句和 do…while 语句改写上述程序，要求实现同样的功能。

2. 阅读并运行程序 program1. c 和 program2. c，理解 while 语句和 do…while 语句的区别。

```
/* program1.c */
main()
{
    int i, n, sum=0;
    scanf("%d", &i);
    n=i;
    while(i<=10)
    {
        sum+=i;
        i++;
    }
    printf("%d+…+10=%d", n, sum);
}

/* program2.c */
main()
{
    int i, n, sum=0;
    scanf("%d", &i);
    n=i;
    do
    {
        sum+=i;
        i++;
    }while(i<=10);
    printf("%d+…+10=%d", n, sum);
}
```

运行程序，若输入 7，这两个程序的运行结果分别是什么？若输入 12，这两个程序的运行结果又分别是什么？比较为什么会有这样的区别。请将分析结果记录在下方。

____

____

3. 阅读并运行程序，掌握 while 语句的执行过程。

```
main()
{
    int x, y;
```

```
    x=2;   y=0;
    while(!y--)
    printf("%d, %d\n", x, y);
}
```

程序运行结果是：

____

____

4. 阅读并运行程序，掌握 do…while 语句的执行过程。

```
main()
{
    int x=0;
    do
    {
        x++;
    }while(x==2);
    printf("%d\n", x);
}
```

程序运行结果是：

____

____

5. 阅读并运行程序，掌握 for 语句的执行过程。

```
main()
{
    int f1=1, f2=1, f3=1, sum=0, i;
    for(i=1; i<=7; i++)
    {
        printf("%4d%4d%4d", f1, f2, f3);
        sum=sum+f1+f2+f3;
        f1=f1+f2;
        f2=f2+f3;
        f3=f3+f1;
    }
    printf("\nsum=%d", sum-f3+f1);
}
```

程序运行结果是：

____

____

6. 阅读并运行程序，理解 break 语句的作用。

```
main()
{
    int i, sum=0;
    for(i=0; i<=10; i++)
    {
        sum=sum+i;
        if(i==5) break;
    }
    printf("sum=%d\n", sum);
}
```

程序运行结果是：

____

____

如果把 break 语句换成 continue 语句，程序运行结果是：

____

____

7. 阅读并运行程序，理解 continue 语句的作用。

```
main()
{
    int i, j, x;
    for(i=0, x=0; i<20; i++)
    {
        x++;
        if(i%2)    continue;
        x++;
    }
    printf("x=%d\n", x);
}
```

程序运行结果是：

____

____

如果把 continue 语句换成 break 语句，程序运行结果是：

6.2 程序调试

1. 下述程序的功能是求 3.14159^{18} 的值。

```
main()
{
    int i;
    float x=3.14159, y=1;
    for(i=1; i<19; i++)
        y=y * x;
    printf("y=%f\n", y);
}
```

微视频：
做中学 2

程序运行结果是：

（1）用库函数实现的程序运行结果是：

（2）把程序中的 y 定义为 double 类型时，程序运行结果是：

2. 已知苹果的单价是 0.8 元/个，第 1 天买 2 个苹果，从第 2 天开始，每天买的苹果的数量是前一天的 2 倍，直到购买的苹果总数为不超过 100 的最大值，求每天平均花多少钱？源程序（说明：程序中有错误）如下，请调试运行，并试着理解 do…while 语句的作用。

```
main()
{
    int x, sum, day;
    double ave;
    x=2;
    day=1;
    sum=2;
```

```
    do
        {
            x=2 * x;
            sum=sum+x;
            day++;
        } while(sum>=100);
        ave=(sum-x) * 0.8/(day-1);
        printf("%lf", ave);
}
```

请将错误提示信息及实验结果记录在表 6.1 中。

表 6.1 实验记录及总结 1

实验记录	总结

3. 下述程序用于计算 e 的近似值（e=1+1/1!+1/2!+…+1/n!），源程序（说明：程序中有错误），请调试运行，并试着理解 while 语句的作用。

```
main()
{
    double e=1.0, x=1.0, y, n;
    int i;
    printf("Please input n");
    scanf("%f", &n);
    y=1/x;
    while(y<=n)
    {
        x=x * i;
        y=1/x;
```

```
        e=e+y;
        ++i;
    }
    printf("%12.10f",e);
}
```

调试成功后，分别输入 n 的值为 5、10、20，观察运行结果。

请将错误提示信息及运行结果记录在表 6.2 中。

表 6.2 实验记录及总结 2

实验记录	总结

4. 下述程序用于统计能被 4 整除而且个位数为 6 的 4 位数的个数及和。源程序（说明：程序中有错误）如下，请调试运行，并试着理解 for 语句的作用。

```
main()
{
    int i,sum,count;
    for(i=1000;i<=9999;i++)
        if(i%10==6||i%4==0)
        {
            count++;
            sum=sum+i;
        }
    printf("个数为:%8d,总和为:%8d\n",count,sum);
}
```

请将错误提示信息及运行结果记录在表 6.3 中。

表 6.3　实验记录及总结 3

实验记录	总　　结

6.3　程序设计

1. 设计程序：先编写一个用迭代法求整数 x 平方根的程序，然后试着仿照此程序编写求 x 立方根的程序。

```
main()
{
    int a;
    float x;
    scanf("%d", &a);
    x=a/2.0;
    while(fabs(x*x-a)>=1.0e-6)    x=(x+a/x)/2.0;
    printf("sqrt(%d)=%lf\n", a, x);
}
```

【提示】迭代法是一类利用递推公式或循环算法构造序列求问题近似解的方法，例如，利用关系式 $x_{k+1}=f(x_k)$，从 x_0 开始依次计算 $x_1,x_2,\cdots$ 来逼近方程 $x=f(x)$ 的根 x^*。迭代法也称为辗转法，迭代过程是一种不断用变量的旧值递推新值的过程。

求 x 立方根的程序为：

____

____

____

____

2. 设计程序：输出 $\frac{2}{1}+\frac{3}{2}+\frac{5}{3}+\cdots$ 的前 20 项之和，结果保留 2 位小数。（本题中的序列

从第 2 项起，每一项的分子是前一项的分子与分母之和，分母是前一项的分子）

3. 设计程序：用公式$\frac{\pi}{4}=1-\frac{1}{3}+\frac{1}{5}-\frac{1}{7}+\cdots$求 π 的近似值，尽可能使精确位数较多。

【提示】注意公式中的正负号的变化规则，实现方法请参考本章程序理解部分第 1 题。

微视频：
圆周率的计算
与割圆术

6.4 课程设计

继续完善第 5 章编制的界面程序。设计程序显示菜单，如图 6.1 所示，并接受用户输入的序号，如果用户输入错误，则输出提示信息，再次显示菜单，重新接受用户输入，如果输入正确，则显示用户选择序号的相应功能的名称。

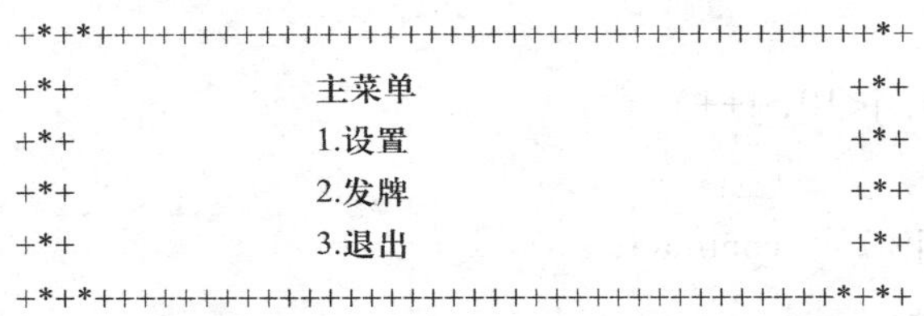

图 6.1 程序显示菜单

第 7 章

循环结构程序应用

通过实验，进一步掌握用 3 种循环语句编写程序的方法，理解嵌套循环结构的执行过程，掌握用循环嵌套等构造复杂程序的方法及过程。

7.1 程序理解

1. 阅读并运行程序，理解嵌套的 for 语句的执行过程。

```
main()
{
    int i, j, x;
    for(i=0, x=0; i<10; i++)
    {
        x++;
        for(j=0; j<10; j++)
        {
            if(j%2)   continue;
            x++;
        }
        x++;
    }
    printf("x=%d\n", x);
}
```

程序运行结果是：

____

____

把 continue 语句换成 break 语句，程序运行结果是：

____

____

2. 下述程序用来统计 1 到 100 之间素数的个数以及计算它们的和，阅读并运行程序，理解 for 语句和 while 语句的混合嵌套。

```
#include<math.h>
main()
{ int m, n, i, j, k, sum=0;
    n=0;
    for(m=2; m<=100; m++)
    { k=(int)sqrt(m);
        i=2;
        while(m%i!=0&&i<=k)    i++;
        if(i==k+1)
            {
                n++;    sum=sum+m;
            }
        }
        printf("1~100 之间共有%8d 个素数,总和为%8d\n", n, sum);
}
```

程序运行结果是：

---

3. 阅读并运行程序，理解 while 语句和 do…while 语句的嵌套。

```
#include<math.h>
main()
{
    int y, a;
    y=2;    a=1;
    while(y--!=-1)
    {
        do
        {
            a*=y;
            a++;
        }while(y--);
    }
    printf("%d, %d\n", a, y);
}
```

程序运行结果是：

---

4. 阅读并运行程序，理解 for 语句的嵌套使用。

```
main( )
{
    int s=0, t, i, j;
    for(i=1; i<=3; i++)
      {
        t=1;
        for(j=1; j<=2 * i-1; j++)
            t=t * j;
        s=s+t;
      }
    printf("%-5d\n", s);
}
```

程序运行结果是：

7.2 程序调试

1. 按顺序读入 3 名学生 3 门课程的成绩，计算出每名学生的平均分并输出。源程序（说明：程序中有错误）如下，请调试运行。

```
main( )
{
    int n, k;
    float score, ave=0;
    for(n=1; n<=3; n++;)
      {
        for(k=1; k<=3; k++)
            scanf("%f", &score);
        ave+=score;
        printf("NO%d:  %f\n", n, ave);
      }
}
```

（1）对以上程序进行编译时，出现错误提示“ex.c(5)：error C2143：syntax error：missing ')' before ';'”，该提示的含义是在分号前缺少括号，经检查可发现，在“for(n=1;n<=3;n++;)”语句括号内的最后一个分号是不需要的，删除后再编译即可通过。程序运行结果如图 7.1 所示。

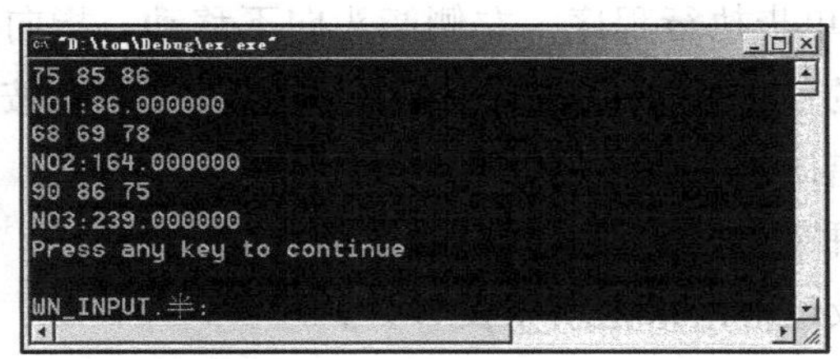

图 7.1　程序运行结果

由图 7.1 可知，程序运行结果不正确，需要进一步进行调试。

（2）调试开始，设置两个断点，设置断点的作用是让程序执行到断点处暂停，使用户可以观察当前变量或其他表达式的值，然后继续运行程序。先把插入点光标定位到要设置断点的位置，然后单击编译工具条上的（Inert/Remove Breakpoint）按钮或按 F9 键，断点就设置好了，如果要取消断点，只要把光标放到要取消断点的位置，再次单击按钮即可。

（3）单击编译工具条上的（Go）按钮或按 F5 键，运行程序，输入“80 90 60”，如图 7.2 所示。

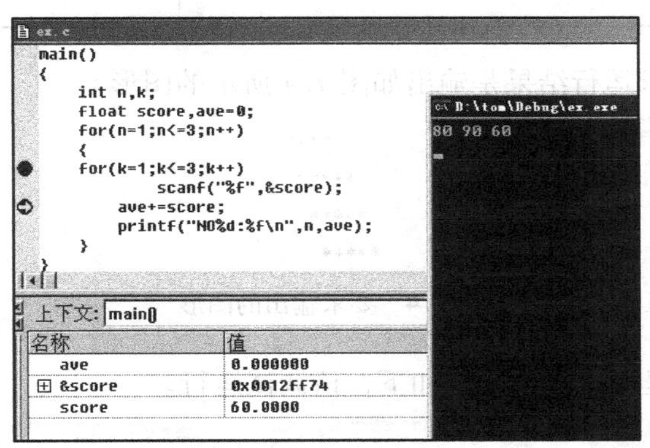

图 7.2　调试程序

（4）程序运行到第一个断点暂停，这时可以观察执行到第一个断点时变量的值是否和期望的值一致。注意，可以在 Watch 窗口中输入相关变量名或表达式以便观察，如图 7.3 所示。

通过观察发现，平均值变量实际上是最后一次输入的结果，而不是 3 个输入量的和再除以 3；另外，还可以发现，每次输入一名学生的成绩时，都应将变量初始化为 0。

请自行修改相应位置的错误后，继续调试。

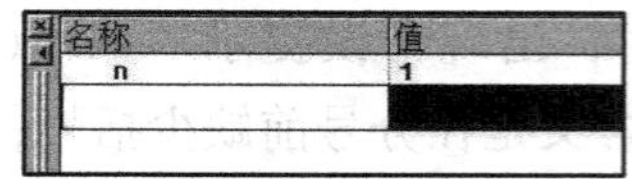

图 7.3 在 Watch 窗口中输入要观察的变量的名称

（5）单击按钮将单步执行程序，左侧箭头向下移动，指向下一行，说明程序执行到这一行，再观察变量的值；单击（Stop Debugging）按钮或按 Shift+F5 组合键，停止调试，改正源程序中的错误后，重新编译、链接。

（6）单击按钮，重新开始调试，观察结果的正确性。

请将错误提示信息及运行结果记录在表 7.1 中。

表 7.1 实验记录及总结 1

实验记录	总结

2. 编写程序，要求运行结果是输出如图 7.4 所示的图形。

```
            *****
          *****
        *****
      *****
```

图 7.4 要求输出的图形

源程序（说明：程序中有错误）如下，请调试运行。

```
main()
{   int i, j;
    for(i=1; i<=4; i++)
        {for(j=1; j<=10+i; j++)
            printf(" ");
        for(j=1; j<=2*i+1; j++)
            printf(" * ");
        printf("\n");
```

```
    }
}
```

请将错误提示信息及解决方法记录在表 7.2 中。

表 7.2 实验记录及总结 2

实验记录	总结

7.3 程序设计

1. 设计程序，在屏幕上显示如图 7.5 所示的图形。

【提示】需分别找出图形上半部分和下半部分的规律，然后用循环的嵌套实现。

```
×
××
×××
××××
×××××
××××
×××
××
×
```

图 7.5 要求显示的图形

2. 编写程序完成以下问题：取 1 分、2 分、5 分的硬币共 10 枚，组成 1 角 8 分钱，有几种不同的取法？分别怎样取？

【提示】本题中每一枚硬币的数量可以取零枚。请先确定每种硬币的取值范围，然后再验证是否满足题目中的条件，请尽可能减少程序中循环体语句的执行次数。

本题可采用穷举法（又称为枚举法）解决，穷举法基本思想是：一一列举各种可能的情况，并判断哪一种情况是符合要求的解，这是一种“在没有其他办法情况下的方法”，是一种最“笨”的方法，然而对一些无法用解析法求解的问题往往能奏效，通常采用循环来处理穷举问题。

3. 编写程序，找出大于给定整数 m 且紧随 m 的 n 个素数。

【提示】根据教程例 7.2，依次判断 m 后的数是否为素数，如果是，则计数器加 1，直至计数器的值变为 n。

4. 编写程序，显示所有的水仙花数。所谓水仙花数，是指一个 3 位数，其各位数字的立方和等于该数本身。例如，153 是水仙花数，因为 $153=1^3+5^3+3^3$。

【提示】依次取出 3 位数的各位数字，判断其是否满足水仙花数的条件。

第 8 章

模块化程序设计

通过实验，掌握定义函数的方法，理解模块化程序设计的思想，掌握函数形参与实参的对应关系以及“值传递”的方式。掌握函数的嵌套调用和递归调用方法。

8.1 程序理解

1. 阅读并运行程序，掌握函数的调用方法。

```
main()
{
  void fun(int i, int j, int k);
  int x, y, z;
  x=y=z=6;
  fun(x, y, z);
  printf("x=%d; y=%d; z=%d\n", x, y, z);
}
void fun(int i, int j, int k)
{
  int t;
  t=(i+j+k)*2;
  printf("t=%d\n", t);
}
```

程序运行结果是：

____

____

2. 阅读并运行程序，理解函数调用过程中形参、实参的关系。

```
main()
{
    int x=10, y=20;
```

```
    void swap(int, int);
    printf("(1)in main:x=%d, y=%d\n", x, y);
    swap(x, y);
    printf("(4)in main:x=%d, y=%d\n", x, y);
}
void swap (int m, int n)
{
    int temp;
    printf("(2)in swap:m=%d, n=%d\n", m, n);
    temp=m;    m=n;    n=temp;
    printf("(3)in swap:m=%d, n=%d\n", m, n);
}
```

【注意】形参具有“用之则建，用完则撤”的特点。在函数定义中，函数名后面圆括号内的参数称为形参；在调用函数时，函数名后面圆括号内的参数称为实参。对于实参，在调用函数中对其进行定义时，不仅指明它的类型，而且系统还为其分配存储单元。而对于形参，定义时仅仅只是指明它的类型，系统并不在内存中为它们分配存储单元，只是在调用时才为其分配临时存储单元，函数执行结束，返回调用函数时，该存储单元立即释放。

程序运行结果是：

____

____

3. 阅读并运行程序，理解 return 语句的作用。

```
main()
{
  int i=5, sum;
  sum=fun(i);
  printf("sum=%d\n", sum);
}
int fun(int n)                    /*定义函数*/
{
  int i=1, sum=0;
  for( ; i<=n; i++)
     sum+=i;
  return sum;                     /*通过 return 语句向 main()函数返回值*/
}
```

程序运行结果是：

---

4. 阅读并运行程序，进一步掌握函数的用法。

```
fun(int x)
{
  if(x%2)
    return 0;
  else
    return 1;
}
main()
{
  int x, sum=0;
  printf("Enter x:");
  scanf("%d", &x);
  while(x>0)
  {
    if(fun(x)= =0)
        sum+=x;
    printf("Enter x:");
    scanf("%d", &x);
  }
  printf("sum=%d\n", sum);
}
```

程序运行结果是：

---

5. 阅读并运行下述递归程序，理解递归函数的功能。

```
main()
{
   int m, k;
   void fun(int n, int r );
   printf("Pleae input the decimal number:  ");
   scanf("%d", &m);
```

```
    printf( "\nPlease input a number in(2, 8, 16): ");
    scanf("%d", &k);
    fun(m, k);
}
void fun(int n, int r)
{   if(n>=r)        fun(n/r, r);
    if(r==16)       printf("%x", n%r);
    else            printf("%d", n%r);
}
```

分别输入：

```
27 2
27 8
27 16
```

程序运行结果是：

____

____

此程序功能是：

____

____

8.2 程序调试

1. 下述程序的功能是求出两个整数中较大的数。源程序（说明：程序中有错误）如下，请调试运行。

```
main()
{   int max();
    int a=1, b=2, c;
    c=max(a, b);
    printf("max is %d\n", c);
}
float max(int x, int y)
{
     int z;
      z=(x>y)? x: y;
```

```
    return(z);
}
```

请将错误提示信息及解决方法记录在表8.1中。

表8.1 实验记录及总结1

实验记录	总结

2. 下述程序的功能是求3个正整数的最小公倍数。源程序（说明：程序中有错误）如下，请调试运行。

```
int fun(x, y, z)
{
  int i=1, j, max;
  if(x>y&&x>z)          max=x;
  else if(y>x&&y>z)   max=y;
       else            max=z;
  while(0)
  {
    j=max * i;
    if(j%x==0&&j%y==0&&j%z==0) return j;
    i++;
  }
}
void main()
{
  int a, b, c, k;
  printf("输入3个正整数：  ");
  scanf("%d %d %d", a, b, c);
```

```
    k=fun(a, b, c);
    printf("最小公倍数是:  %d\n", k);
}
```

请将错误提示信息及解决方法记录在表8.2中。

表8.2 实验记录及总结2

实验记录	总结

8.3 程序设计

1. 编写程序，由主函数输入m、n，按公式 $C_m^n=\frac{m!}{n!(m-n)!}$ 计算并输出 C_m^n 的值。

【提示】首先写出求阶乘的函数，在主函数中调用阶乘函数求出表达式的值。

2. 编写两个函数，分别求两个正整数的最大公约数和最小公倍数，用主函数调用这两个函数并输出结果，数据在主函数中输入。

【提示】首先利用“辗转相除法”编写求最大公约数的函数，调用该函数求出最小公倍数，在主函数中调用两个函数并输出结果。

3. 用递归方法将一个整数n转换成字符串。例如，输入数字483，则输出字符串"483"。

【提示】以123为例，第一次递归得到123除以10的余数3，第二次递归得到12除以10的余数2，第三次递归得到1，至此递归结束，开始打印数字对应的字符，最先打印的是最后一次递归得到的字符1。

8.4 课程设计

继续完善前几章编写的界面程序。在前面程序设计的基础上，对程序进行改进，这种改进过程在软件工程中称为“重构”。在网上查找相关资料，了解软件工程中有关模块化的相关知识。要求：把显示菜单和接受用户输入分别定义为子函数模块，在主函数中调用。

第 9 章

变量的存储属性和预编译命令

通过实验，掌握全局变量和局部变量以及静态变量的概念和使用方法，理解宏的概念，掌握宏定义的方法。了解文件包含的概念，掌握其用法。

9.1 程序理解

1. 阅读并运行程序，理解变量的作用范围。

【注意】全局变量的作用域为定义开始到文件结束。局部变量的作用域为定义其函数的内部。当局部变量与全局变量同名时，在局部变量作用域内，全局变量不起作用。

```
#include <stdio. h>
int a=5;
void fun(int b)
{
    int a =10;a+=b;
    print("%d",a)
}
main()
{   int c=20;
    fun(c);a+=c;
    print("%d\n",a);
}
```

程序运行结果是：

____

____

2. 阅读并运行程序，理解静态局部变量在调用过程中的变化。

```
main()
{
  int i ;
```

```
    int f(int);
    for(i = 1; i <= 5; i ++)
        printf("(%d):  %d\n", i, f(i));
    printf("\n");
}
int f(int n)
{
    static int j = 1;
    j = j * n;
    return(j);
}
```

程序运行结果是：

---

3. 阅读并运行程序，掌握宏替换的用法。

```
#define POWER(x) ((x) * (x))
#define MAX(x, y) (x)>(y)? (x):(y)
#define PR printf
#include<stdio.h>
void main()
{
    int a, b, c, d, x;
    a=5;   b=10;   x=200;
    c=POWER(a+b);
    x=x/POWER(a+b);
    d=MAX(a+6, b);
    PR("c=%d, d=%d, x=%d \n", c, d, x);
}
```

程序运行结果是：

---

4. 阅读并运行程序，掌握 define 的用法。

```
#define PF(x) x * x        /* 程序第 1 行 */
main()
```

```
{
    int a=2, b=3, c;
     c=PF(a+b)/PF(a+1);
    printf("\nc=%d", c);
}
```

程序运行结果是：

把第1行换成“#define PF(x) (x)*(x)”，则程序运行结果是：

把第1行换成“#define PF(x) ((x)*(x))”，则程序运行结果是：

9.2 程序调试

1. 利用工程，编译运行由多个源文件组成的程序。

(1) 建立文件ex.c：

```
/*ex.c*/
main()
{
    int f(int x);
    int x=5, y;
    y=f(x);
    printf("x=%d y=%d\n", x, y);
}
```

(2) 建立一个空工程：

选择“新建”→“工程”→“Win32 Console Application”选项，如图9.1所示。

单击确定按钮后，选择建立一个空白工程，单击完成按钮，即可创建如图9.2所示的一个空工程。

(3) 添加已存在的文件。

选择“工程”→“添加到工程”→“文件”选项，在打开的“文件”对话框中找到ex.c，单击它即可完成添加。

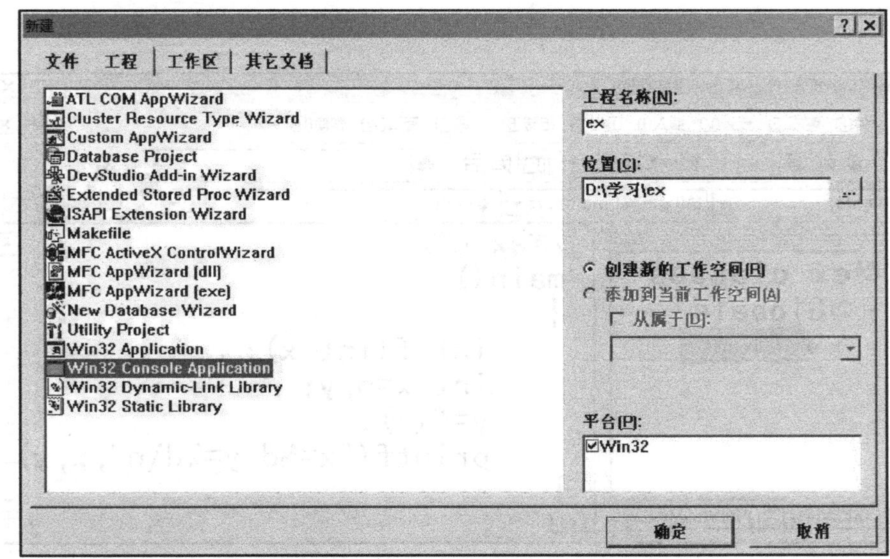

图 9.1 新建空工程

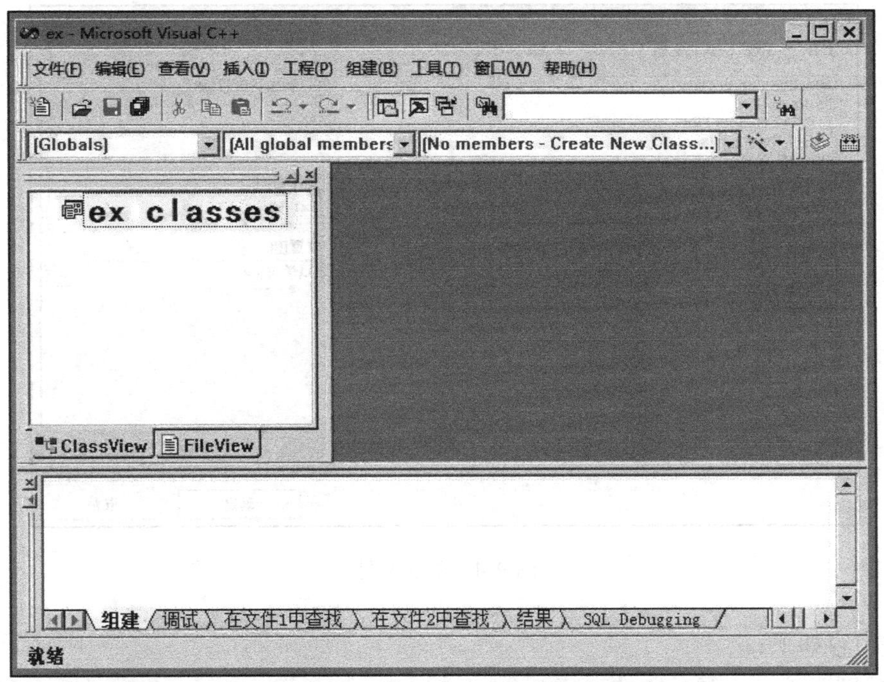

图 9.2 空工程示意图

单击 ex classes、Globals中的“+”按钮，双击 main()，主函数程序就显示出来了，如图 9.3 所示。

（4）在工程中新建文件。

选择“工程”→“添加到工程”→“新建”选项，和前述新建源文件的操作一样，如图 9.4 所示。

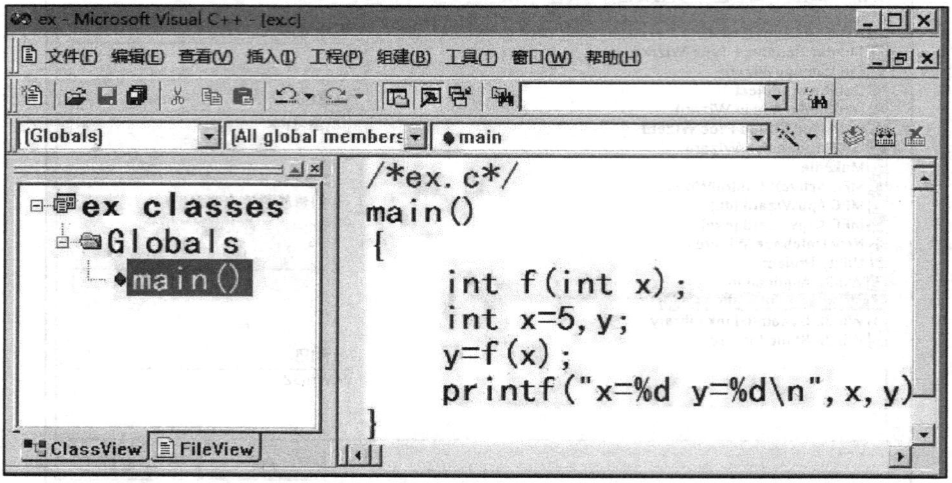

图 9.3 添加主文件后的窗口

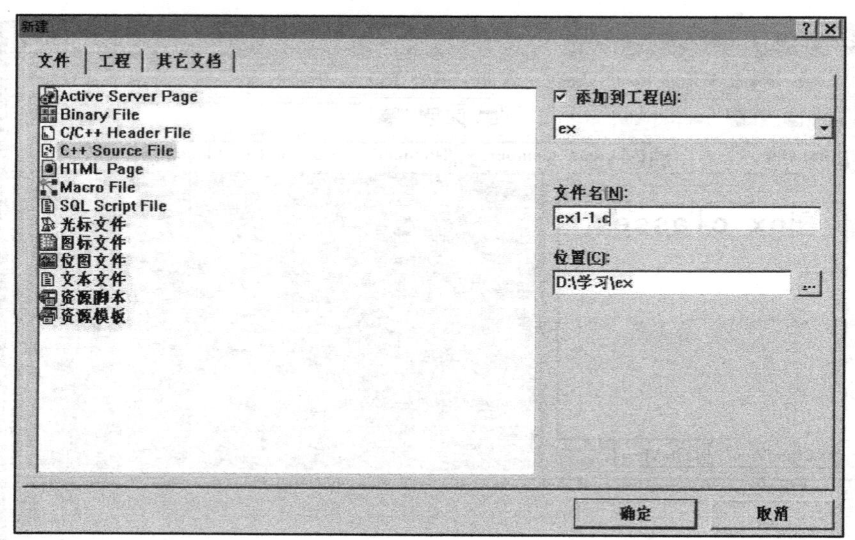

图 9.4 新建文件

文件内容如下：

```
/* ex1-1.c */
int f(int x)
{
  int y;
  y=x*x;
```

```
    return y;
}
```

建立好源文件的工程如图 9.5 所示。

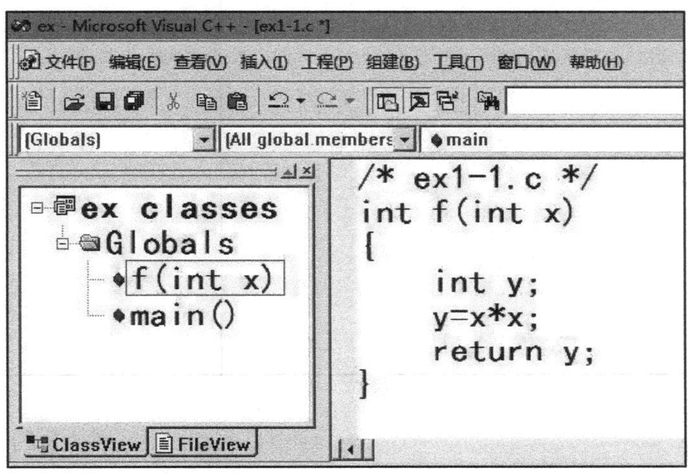

图 9.5　建立好源文件的工程

（5）编译运行。

把插入点光标置于源程序内，分别编译后，运行结果如图 9.6 所示。

图 9.6　运行结果

（6）试着再增添功能，在新建文件内定义一个实现求立方值的函数，在主程序中调用。

2. 调试运行下述程序，找出并修改其中的错误。

```
#define Max(A, B) (A)>(B)? (A):(B)
#define PRINT(Y) printf("Y=%d\t",Y)
#include<stdio.h>
main()
{
    int a=1, b=2, c=3, d=4, t;
    t=MAX(a+b, c+d);
    PRINT(t);
}
```

请将错误提示信息及解决方法记录在表9.1中。

表9.1 实验记录及总结1

实验记录	总结

第 10 章

数　　组

通过实验，掌握一维数组的定义、赋值和输入输出的方法，掌握利用一维数组实现相关算法的基本技能。

10.1 程序理解

1. 阅读并运行程序，分析为什么所得结果与数组初始化时结果不同。

```
main()
{
  int a[10]={1, 2, 3, 4, 5, 6, 7, 8, 9, 10}, i;
  for(i=1; i<=10; i++)
       printf("%5d", a[i]);
}
```

程序运行结果是：

____

____

结果分析是：

____

____

2. 阅读并运行程序，理解数组的输入输出。

```
main()
{
  int a[10], max, i, t, p;              /*p 用来存放最大数的位置*/
  printf("输入 10 个数：  \n");
  for(i=0; i<10; i++)
    scanf("%d", &a[i]);
  for(i=0; i<10; i++)
    printf("%d", a[i]);
```

```
    printf("\n");
    max=a[0];    p=0;
    for(i=1; i<10; i++)
      if(max<a[i])
        {max=a[i];    p=i;}
    t=a[0];    a[0]=a[p];    a[p]=t;      /*最大数与第1个位置上的数互换*/
    printf("max=%d\n", max);
    printf("调换之后的数组如下：  ");
    for(i=0; i<10; i++)
      printf("%d    ", a[i]);
}
```

任意输入 10 个整数，在下方写出依次输入的 10 个整数。

程序运行结果是：

3. 阅读并运行程序，掌握引用数组的方法。

```
main()
{
  long f[20]={1, 1}, i, sum=0;      /*定义一个一维数组*/
  for(i=2; i<=19; i++)
    f[i]=f[i-1]+f[i-2];
  printf("Fibonacci 数列的前 20 项如下：  ");
  for(i=0; i<=19; i++)
    printf("%5d", f[i]);
  for(i=0; i<=19; i++)
    if(f[i]%2==0)
        sum+=f[i];
  printf("\nsum=%ld\n", sum);
}
```

程序运行结果是：

4. 已有一个按升序排列的数组，当输入一个数，要求按原来排序规律将它插入数组中。阅读并运行程序，理解数组的应用。

```
main()
{
  int i, j, number;
  int a[11]={1, 4, 6, 9, 13, 16, 19, 28, 40, 100};
  printf("Enter insert data:  ");
  scanf("%d", &number);                  /*读入要插入的数据*/
  for(i=0; i<10; i++)
    if(a[i]>number)    break;
  for(j=9; j>=i; j--)    a[j+1]=a[j];
  a[i]=number;                           /*插入数据*/
  printf("Now,array a is:  \n");
  for(i=0; i<11; i++)                    /*输出插入元素后仍有序的数组*/
     printf("%d  ", a[i]);
}
```

运行程序时输入3种不同情况的数据：小于1的，大于100的，大于1小于100之间的任意数，则程序运行结果是：

____

____

10.2 程序调试

1. 在主函数中从键盘输入若干个数放入数组中，用0结束输入并放在最后一个元素中。下述程序中函数fun()的功能是：计算数组元素中值为正数的所有数的平均值（不包括0）。源程序（说明：程序中有错误）如下，请调试运行。

```
main()
{   int x[1000];
    int i=0, sum=0.0, c=0, j=0;
    printf("\nPlease enter some data(end with 0):  ");
    do
      { scanf("%d", x[i]);
      }while (x[i++] !=0);
    while(x[j]= 0)
      {if(x[j]>0)
        { sum += x[j];
          c++;
```

```
        }
        j++;
    }
    sum\=c;
    printf("%lf\n", sum);
}
```

请将错误提示信息及解决方法记录在表 10.1 中。

表 10.1 实验记录及总结 1

实验记录	总结

2. 下述程序完成的功能是：判定用户输入的正整数是否为“回文数”。所谓“回文数”是指正读反读都相同的数。源程序（说明：程序中有错误）如下，请调试运行。

```
main()
{
    int buffer[10], i, k , flag;
    long number, n;
    printf("Please input one number:  ");
    scanf("%ld", &number);
    k=0;
    n=number;
    do
    {
        buffer[k]=n%10;
        k=k+1;
        n=n/10;
    }while(n!=0);
```

```
    flag=1;
    for(i=0; i<=(k-1)/2; i++)
    if(buffer[i]==buffer[k-1-i])
      {
          flag=0;
          break;
      }
    if(flag)    printf("%ld    是回文数\n", number);
    else         printf("%ld    不是回文数\n", number);
}
```

请将错误提示信息及解决方法记录在表 10.2 中。

表 10.2 实验记录及总结 2

实验记录	总结

3. 下述程序用来完成的任务是：输入 10 个整数，判断它们是否有重复，如果没有重复输出 Yes，否则输出 No。源程序（说明：程序中有错误）如下，请调试运行。

```
#include "stdio.h"
#define N 10
void main()
{
  int a[N], i, j, isyes=1;
  for (i=0; i<N; i++)
    scanf("%d",&a[i]);
  for (i=0; i<N; i++)
   for (j=i+1; j<N; j++)
      if(a[i]==a[j]) isyes=0;
```

```
    if (isyes==1) printf("Yes\n");
    else printf("No\n");
}
```

请将错误提示信息及解决方法记录在表 10.3 中。

表 10.3 实验记录及总结 3

实验记录	总结

10.3 程序设计

1. 编写程序，定义数组 a 和 b，数组 a 保存 10 个整数元素，从数组 a 中第 2 个元素起，分别将后项减前项之差存入数组 b，并按每行 3 个元素输出数组 b。

【提示】数组中两个相邻数通过下标变化进行表示。输出每行 3 个数时通过对 3 取余进行换行实现。

2. 给一维数组 a 输入任意 6 个整数，如 3、5、6、2、1、8，建立一个以下内容的方阵并显示。

```
8 3 5 6 2 1
1 8 3 5 6 2
2 1 8 3 5 6
6 2 1 8 3 5
5 6 2 1 8 3
3 5 6 2 1 8
```

【提示】将数组a的数据循环显示6次，每次显示后将数组元素循环右移。其方法是：先将a[5]保存到变量t中，再将a[0]~a[4]往右移一个位置，即a[5]=a[4],…,a[1]=a[0]，然后令a[0]=t。

第 11 章

二维数组和字符数组

通过实验，掌握二维数组的定义、赋值和输入输出方法，能够运用二维数组的一些常用算法解决问题。掌握字符数组和字符串的相关概念，掌握 C 语言中字符数组和字符串处理函数的使用方法，理解数组名作为函数参数的编程方式。

11.1 程序理解

1. 阅读并运行程序，掌握二维数组的输入输出方法。

```
main( )
{  int a[4][3], i, j, max, row;
   printf("给数组的 12 个元素赋值：  \n");
   for(i=0; i<4; i++)
     for(j=0; j<3; j++)
       scanf("%d", &a[i][j]);
   printf("4×3 矩阵各元素为::  \n");
   for(i=0; i<4; i++)
     { for(j=0; j<3; j++)
             printf("%4d", a[i][j]);
         printf("\n");
     }
   max=a[0][0];    row=0;
   for(i=0; i<4; i++)
      for(j=0; j<3; j++)
          if(max<a[i][j])
            {
               max=a[i][j];
               row=i;
            }
```

```
    printf("max=%d, row=%d\n", max, row);
}
```

程序运行结果是：

____

____

程序的功能是：

____

____

2. 阅读并运行程序，理解二维数组的运算方法。

```
main()
{
  int a[3][3], i, j, sum1=0, sum2=0;
  printf("给数组的 9 个元素赋值：\n");
  for(i=0; i<3; i++)
    for(j=0; j<3; j++)
        scanf("%d", &a[i][j]);
  printf("3×3 矩阵各元素为：\n");
  for(i=0; i<3; i++)
  {
    for(j=0; j<3; j++)
        printf("%4d", a[i][j]);
    printf("\n");
  }
  for(i=0; i<3; i++)
  {
    sum1=sum1+a[i][i];      /* 主对角线上元素的行、列下标相等 */
    sum2=sum2+a[i][2-i];    /* 辅对角线上元素的行、列下标相加后等于 2 */
  }
  printf("sum1=%d, sum2=%d\n", sum1, sum2);
}
```

程序运行结果是：

____

____

程序的功能是：

____

____

3. 阅读并运行程序，理解二维数组的运算方法。

```
main()
{
  int i, j, x=0, y=0, m;
  int a[3][3]={1, -2, 0, 4, -5, 6, 2, 4};
  m=a[0][0];
  for (i=0; i<3; i++)
    for (j=0; j<3; j++)
        if (a[i][j]>m)
          {
            m=a[i][j];
            x=i;
            y=j;
          }
  printf("(% d, %d) = %d \n", x, y, m);
}
```

程序运行结果是：

____

____

程序的功能是：

____

____

4. 阅读并运行程序，掌握字符数组的输入输出方法。

```
#include<string.h>
main()
{
  char a[80];
  int i;
  printf("给字符串赋值：  \n");
  gets(a);
  printf("输出原字符串：  \n");
  puts(a);
```

```
    for(i=0; a[i]!='\0'; i++);
    printf("字符串长度=%d,%d\n", strlen(a), i);
}
```

程序运行结果是：

5. 阅读并运行程序，掌握字符数组的运算方法。

```
main()
{
    char a[80];
    int i=0, j;
    printf("给字符串赋值： \n");
    gets(a);
    printf("输出原字符串： \n");
    puts(a);
    while(a[i]!='\0')    i++;
    for(j=i-1; j>=0; j--)
        a[i++]=a[j];
    a[i]=0;
    printf("输出新的字符串： \n");
    puts(a);
}
```

程序运行结果是：

6. 阅读并运行程序，分析数组 a、b、c 的输出结果是否相同。

```
main()
{
    char a[10]="abcdefg", b[10]="abcdefg", c[10]="abcdefg";
    a[3]='\0';
    b[3]=0;
    c[3]='0';
    printf("\n%s\n", a);
    printf("%s\n", b);
```

```
    printf("%s\n", c);
}
```

程序运行结果是：

7. 阅读并运行程序，理解数组作为函数的参数及全局变量的应用方法。

```
#define N 10
int n=0;
int fun(int a[])
{
    int i, sum=0;
    for(i=0; i<N; i++)
        if(i%2&&a[i]%2==0)
        {
            sum+=a[i];
            n+=1;
        }
    return sum;
}
main()
{
    int a[N]={3, 8, 6, 5, 4, 4, 2, 9, 9, 7}, i, sum;
    printf("输出数组元素：  \n");
    for(i=0; i<N; i++)
        printf("%5d", a[i]);
    printf("\n");
    sum=fun(a);
    printf("sum is %d\n", sum);
    printf("count is %d\n", n);
}
```

程序运行结果是：

程序的功能是：

____

____

11.2 程序调试

1. 下述程序的功能是求一个 4 行 5 列矩阵的四周元素的和。源程序（说明：程序中有错误）如下，请调试运行。

```
main()
{
    int a[4][5], i, j, sum=0;
    printf("给 4×5 二维数组元素赋值： \n");
    for(i=0; i<4; i++)
        for(j=0; j<5; j++)
            scanf("%d", &a[i][j]);
    printf("\n");
    for(i=0; i<4; i++)
      {
          for(j=0; j<5; j++)
            printf("%d  ", a[i][j]);
          printf("\n");
      }
    for(i=0; i<4; i=i+3)
          for(j=0; j<5; j++)
            sum+=a[i][j];
    for(i=0; i<5; i=i+4)            /*求第 0 列和第 4 列元素的和*/
          for(j=1; j<3; j=j+1)
              sum+=a[i][j];
    printf("sum=%d", sum);
}
```

请将错误提示信息及解决方法记录在表 11.1 中。

表 11.1　实验记录及总结 1

实验记录	总　结

2. 在屏幕上显示如图 11.1 所示的杨辉三角形（要求显示出 10 行）。

```
1
1   1
1   2   1
1   3   3   1
1   4   6   4   1
1   5   10  10  5   1
1   6   15  20  15  6   1
1   7   21  35  35  21  7   1
1   8   28  56  70  56  28  8   1
1   9   36  84  126 126 84  36  9   1
```

图 11.1　杨辉三角形

源程序（说明：程序中有错误）如下，请调试运行。

```
main()
{
    int a[N][N];
    int i, j;
    for(i=0; i<10; i++)
      {a[0][i]=1;    a[i][i]=1;}
    for(i=2; i<10; i++)
      for(j=1; j<10; j++)
          a[i][j]=a[i-1][j-1]+a[i-1][j];
    for(i=0; i<10; i++)                    /*显示杨辉三角形*/
      {for(j=0; j<=10; j++)
          printf("%6d", a[i][j]);
```

```
        printf("\n");}
}
```

请将错误提示信息及解决方法记录在表 11.2 中。

表 11.2 实验记录及总结 2

实验记录	总结

3. 下述程序的功能是：将字符串中的字符按逆序输出。例如，若原字符串为 abcd，则应输出 dcba。源程序（说明：程序中有错误）如下，请调试运行。

```
main()
{
        int i=0, j=0;
        char a[80], ch;
        printf("给字符串赋值:  \n");
        gets(a);
        printf("输出原字符串:  \n");
        puts(a);
        while(a[j])    j++;
         while(i>j)
         {
           ch=a[i];
           a[i]=a[j-1];
           a[j-1]=ch;
           i++;
           j--;}
        printf("输出新的字符串:  \n");
```

```
        puts(a); }
}
```

请将错误提示信息及解决方法记录在表 11.3 中。

表 11.3 实验记录及总结 3

实验记录	总结

11.3 程序设计

1. 定义一个 N×N 的二维数组，并用键盘输入给数组元素赋值。请编写程序将数组左下半三角元素中的值全部置成 0，并以矩阵形式输出该数组。例如，如果数组 a 中原来的值为：

```
1 9 7
2 5 8
3 6 6
```

则重新赋值后，数组 a 中的值应为：

```
0 9 7
0 0 8
0 0 0
```

【提示】找出二维数组中左下半三角元素行列下标的规律，即行下标大于或等于列下标。

2. 假定输入的字符串中只包含字母和 * 符号。编写程序，只删除字符串中前导的 * 符号。例如，若原字符串为" *******ACF*F*G**** "，删除后，字符串为"ACF*

F＊G＊＊＊＊"。

【提示】首先找到字符串中第一个非＊字符的位置，利用下标之间的关系依次前移，切记加上字符串的结束标志。

3. 定义一个 N×N 的二维数组，并用键盘输入给数组元素赋值。请编写程序实现 N 行 N 列矩阵的转置，即行列互换。

【提示】只需将主对角右上方的数组元素 a[i][j]分别与对角线左下方的数组元素 a[j][i]通过一个临时变量进行交换即可。

4. 从键盘输入一字符串（可以含有空格），再从键盘输入一个该字符串中的字符，删除该字符后重新输出字符串。

【提示】需考虑字符串中含有多个要删除的字符。

11.4 课程设计

设计一个二维数组，分别存储扑克牌的花色和面值，再显示所有可能的扑克牌。

*第 12 章

数组趣味程序

通过实验，设计趣味程序，理解和掌握使用数组的基本方法、技能，激发学习兴趣。

12.1 大整数运算

1. 下述程序的功能是输出 3～100 的阶乘，阅读并运行程序，理解整数表达的范围问题，初步理解用数组组织大整数的原理及方法。

```
main()
{
  int a[100], i, j, k;
  for(k=3; k<101; k++)
    {/*数组初始化，将所有元素置为 0*/
      for(i=0; i<100; i++)    a[i]=0;
      a[99]=1;              /*数组初始化，设 a[]=1*/
      for(i=2; i<=k; i++)
        {/*数组的每个元素都乘以 i*/
          for(j=99; j>=0; j--)    a[j]=a[j]*i;
          /*数组的每个元素按 100 进制进位处理*/
          for(j=99; j>=0; j--)
            if(a[j]/100)
            {
                a[j-1]=a[j-1]+a[j]/100;
                a[j]=a[j]%100;
            }
        }
      i=0;
      while(a[i]==0)    i++;
      printf("\n%d 的阶乘约有%d 位\n", k, (100-i)*2);
```

微视频：阶乘升级版

```
        for(j=i; j<100; j++)
        if(a[j]==0)
            printf("%d%d", 0, 0);
        else
            if(a[j]<10)
                printf("0%d", a[j]);
            else
                printf("%d", a[j]);
        getchar();
    }
}
```

2. 在理解上述程序的基础上，进一步将它改进成下述的模块化程序。

```
void init(int a[])
{   /*数组初始化，将所有元素置为0*/
    int i;
    for(i=0; i<200; i++)    a[i]=0;
}
void multx(int a[], int x)
{/*数组的每个元素都乘以x*/
    int i;
    for(i=0; i<200; i++)    a[i]*=x;
}
void up10(int a[])
{/*对数组的元素从后到前检查进位情况，逢10进1*/
    int i;
    for(i=199; i>0; i--)
        if(a[i]/10)
        {
            a[i-1]=a[i-1]+a[i]/10;
            a[i]=a[i]%10;
        }
}
void btoa(int a[], int b[])
{/*给两个数组赋值*/
    int i;
```

```
    for(i=0; i<200; i++)     a[i]=b[i];
}
main()
{
    int a[200], b[200], i, j, k;
    for(k=3; k<101; k++)
    {
      init(a);
      init(b);
      a[199]=1;
      for(i=2; i<=k; i++)
        {
              btoa(b, a);
              multx(b, i%10);
              up10(b);
              multx(a, i/10);
              up10(a);
              for(j=199; j>0; j--)     b[j-1]=b[j-1]+a[j];
              up10(b);
              btoa(a, b);
        }
        i=0;
        while(a[i]==0)    i++;
        printf("\n%d 的阶乘有%d 位\n", k, 200-i);
        for(j=i; j<200; j++)
          printf("%d", a[j]);
        getchar();
    }
}
```

3. 参照上述程序，设计实现两个大整数的输入、输出及加减法运算的程序。

12.2 扫雷游戏程序

微视频：
扫雷游戏程序
设计概要

扫雷游戏是微软于 1992 年附带在其操作系统中的一个小游戏程序，它通过单击掀开格子，并以其四周出现的数字来判断附近地雷的数量，将没有地雷的格子都掀开后即可取胜。

根据递增式开发及测试驱动开发思想，设计本程序的主要步骤如下。

1. 确定数据结构

用二维数组表示棋盘，数组元素的值表示当前位置有雷或周边的地雷数目，用 9 表示该格有地雷，用 0~8 表示有地雷的周边格子的数目。

由于在程序中要经常测试以当前位置为中心的周边元素，而周边格子坐标的变化有一定的规律，所以把周边元素坐标变化放在一个数组中，程序中数组 ijinc[8][2]的作用是存储(i,j)方格周边相邻的方格行列坐标的调整值。ijinc[8][2]={-1,-1,-1,0,-1,1,0,-1,0,1,1,-1,1,0,1,1}，如左上方方格坐标为 i1=i+ijinc[0][0],j1=j+ijinc[0][1]。

设计用户标记值记录数组，记录用户标记地雷的信息，结束时和地雷数组相比较；此数组的初始状态值全为-1。

2. 程序主要功能函数

（1）在指定位置设置地雷：在某位置设置地雷，并修正周边方格的地雷数目记录。

（2）标记数字：标记地雷数目时，若未踩到地雷，雷数非零时则仅显示本格子，而雷数为零时代表周边相连的全部格子都无雷，所以显示全部周边相连无雷区域。

（3）显示功能：用文本模式显示棋盘的当前状态。

3. 编写代码及调试

以下是相关源程序代码。

```
#include<stdio.h>
#include<time.h>
#define N 9
static int a[N][N];
static int b[N][N];
void setmine(int i, int j)
{/* 在(i, j)处(0=<i, j<N)放一枚地雷，并设置周边格子内的地雷数目 */
    int n, i1, j1, ijinc[8][2]={-1,-1,-1,0,-1,1,0,-1,0,1,1,-1,1,0,1,1};
    if(a[i][j]==9)          return;
    a[i][j]=9;              /* 标记为地雷 */
    for(n=0; n<8; n++)      /* 标记周边方格内的数值即地雷数 */
    {
```

```
        i1 = i+ijinc[n][0];
        j1 = j+ijinc[n][1];
        if(i1>=0&&i1<N&&j1>=0&&j1<N&&a[i1][j1]<9)    a[i1]
[j1]++;
    }
}

void mark0(int i, int j)
{/* 如果在(i, j)处(0=<i, j<N)的地雷数目为0, 显示周边连续的区域 */
    int n, i1, j1, ijinc[8][2]={-1,-1,-1,0,-1,1,0,-1,0,1,1,-1,1,0,1,1};
    if(a[i][j]==0&&b[i][j]==-1)
    {
      b[i][j]=a[i][j];
      for(n=0; n<8; n++)          /* 扫描周边方格内的数值是否为0 */
      {
          i1=i+ijinc[n][0];
          j1=j+ijinc[n][1];
          if(i1>=0&&i1<N&&j1>=0&&j1<N)    mark0(i1, j1);
      }
    }
    else    b[i][j]=a[i][j];
}
void list(int a[][N])
{/* 显示相应数组为棋盘形式 */
    int i, j;
    printf("    ");
    for(i=1; i<=N; i++)    printf("%2d", i);
    printf("\n");
    for(i=1; i<=N; i++)
     {
       printf("%2d", i);
       for(j=1; j<=N; j++)
         printf("%2d", a[i-1][j-1]);
       printf("\n");
     }
```

微视频：
扫雷游戏程序
实现技巧

```
}
void init()
{/*初始化用户记录数组*/
    int i, j;
    for(i=0; i<N; i++)
        for(j=0; j<N; j++)
          b[i][j]=-1;
}
int notok()
{/*没有标记完返回1, 否则返回0*/
    int i, j;
    for(i=0; i<N; i++)
      for(j=0; j<N; j++)
        if(b[i][j]==-1)     return 1;
    return 0;
}
int mark()
{/*与用户交互实现标记扫雷, 指定操作类型及位置*/
    int kind, i, j;
    printf("操作类型: 0—标记数字, 1—标记地雷, 2—取消地雷标记: \n");
    scanf("%d", &kind);
    printf("输入行、列号(1-N):  \n");
    scanf("%d%d", &i, &j);
    i--;      j--;
    if(kind==0)
       if(a[i][j]==9)
          return 0;
       else
          if(a[i][j]==0) mark0(i, j);
          else               b[i][j]=a[i][j];
    if(kind==1)     b[i][j]=9;
    if(kind==2)    b[i][j]=-1;
    return 1;
}
void main0()
```

```
{/*进行标记,并检验用户标记结果*/
    int i, j, err=0;
    do
    {
        if(!mark())
        {
            printf("你踩上雷了!");
            return;
        }
        list(b);
    }while(notok());
    for(i=0; i<N; i++)
        for(j=0; j<N; j++)
            if(a[i][j]!=b[i][j])      err++;
    if(err==0)      printf("你胜利了!");
    else            printf("你标多了!");
}
void randset()
{/*随机放置地雷*/
    int i, j, n;
    srand((unsigned)time(0));
    for(n=1; n<N; n++)
    {
        i=rand()%N;
        j=rand()%N;
        setmine(i, j);
    }
}
main()
{
    init();
    list(b);
    //此类注释语句用在递增开发时进行测试,通过后无须再执行
    //setmine(0, 3);
    //setmine(2, 3);
```

```
    //setmine(2, 4);
    //mark0(5, 5);
    //list(a);
    //list(b);
    //printf("%d", notok());
    //main0();
    randset();
    //list(a);
    main0();
}
```

请根据自己的理解和想法，进一步丰富完善扫雷程序。

12. 3 用 JavaScript 编写扫雷游戏程序

运行上一节介绍的 C 语言程序，得到的是文本模式的界面，操作起来没有窗口式程序方便，有兴趣的读者可以先了解图形界面相关知识，再编写相应程序。

当前信息技术开发中，编写网页也必不可少，多种脚本语言都和 C 语言有着天然的联系，特别是 JavaScript，这是一种基于对象和事件驱动模式并相对比较安全的客户端脚本语言。同时，它也是一种广泛用于客户端 Web 开发的脚本语言，常用来给 HTML 网页添加动态功能，比如响应用户的各种操作。下面是用 JavaScript 改造后的网页代码。

文件 mine. html 内容如下：

```
<html>
<title>扫雷</title>
<head>
<style type="text/css">
<!--
.table2{
    border-top-width: 1px;
    border-right-width: 1px;
    border-bottom-width: 1px;
    border-left-width: 1px;
    border-bottom-style: 1px;
    border-top-color: #000000;
    border-right-color: #000000;
```

```
        border-bottom-color: #000000;
        border-left-color: #000000;
        border-top-style: 1px;
        border-right-style: 1px;
        border-left-style: 1px;
        font-size: 14px;
}
-->
</style>
<script type="text/javascript">
var ctime=0
var ttime
function timedCount()
{
   document.getElementById('timetxt').value=ctime
   ctime=ctime+1
   ttime=setTimeout("timedCount()", 1000)
}
function finished()
{ var i, j;
   for(j=0; j<10; j++)
      {for (i=0; i<10; i++)
         {
            if(barr[j][i]==0)
               {return 0}
         }
      }
   return 1
}
function mark0(i, j)
{/*如果在(i, j)处(0=<i, j<N)内的地雷数目为0，显示周边连续的区域*/
     var n, i1, j1;
     var ijinc=new Array(-1,-1,-1,0,-1,1,0,-1,0,1,1,-1,1,0,1,1);
     var x1=document.getElementById('myTable').rows[i].cells
     x1[j].innerHTML=0
```

```
    barr[i][j]=1
    for(n=0; n<8; n++)          /*扫描周边方格内的数值是否为0*/
     {
      i1=i+ijinc[n*2+0];
      j1=j+ijinc[n*2+1];
      if(i1>=0&&i1<10&&j1>=0&&j1<10)
      {
           if(aarr[i1][j1]==0&&barr[i1][j1]==0)
                {mark0(i1, j1)}
           else
                {
                     var x1=document.getElementById('myTable').rows[i1].cells
                     x1[j1].innerHTML=aarr[i1][j1]
                     barr[i1][j1]=1
                }
      }
     }
}
function show_coords(event)
{
  x=parseInt((event.clientX-15)/21)
  y=parseInt((event.clientY-19)/22)
  //alert("X坐标:" + x + ", Y坐标:" + y)
  if(x>=0&&x<10&&y>=0&&y<10&&ctime>0)
  {
     if (event.button==2)
     {
         //alert("您单击了鼠标右键!")
         var x1=document.getElementById('myTable').rows[y].cells
         x1[x].innerHTML='*'
         if(aarr[y][x]==9)
              {barr[y][x]=1}
     }
     else
     {
```

```
            var x1=document.getElementById('myTable').rows[y].cells
            x1[x].innerHTML=aarr[y][x]
            barr[y][x]=1
            if(aarr[y][x]==9)
              {
                ctime=ctime+20
                alert("您单击了地雷!")
                return
              }
            if(aarr[y][x]==0)
              {
                mark0(y, x)
              }
        }
        if(finished()==1)
         {
            clearTimeout(ttime)
            alert("您完成了任务!")
         }
    }
}
function setmine(i, j)
{
    //*在(i, j)处(0=<i, j<N)放置一枚地雷,并设置周边空格内地雷数目*/
    var n, i1, j1;
    var ijinc=new Array(-1,-1,-1,0,-1,1,0,-1,0,1,1,-1,1,0,1,1);
    if(aarr[i][j]==9)
          {return 0}
    aarr[i][j]=9;                /*标记为地雷*/
    for(n=0; n<8; n++)           /*标记周边方格内的数值即地雷数*/
     {
        i1=i+ijinc[n*2+0];
        j1=j+ijinc[n*2+1];
        if((i1>=0)&&(i1<10)&&(j1>=0)&&(j1<10)&&(aarr[i1][j1]<9))
              {aarr[i1][j1]++;}
```

```
        }
        return 1;
}
</script>
</head>
<body onmousedown="show_coords(event)" oncontextmenu="window.event.returnvalue=
false; return false;" onbeforeunload="ajaxend()">
<table id="myTable" width="220" border="1" class="table2" >
<script type="text/javascript">
     var i=0, j=0
     var time=10
     var aarr=new Array(0,0,0,0,0,0,0,0,0,0)
     for(i=0; i<10; i++)
        {
              aarr[i]=new Array(0,0,0,0,0,0,0,0,0,0)
        }
     var barr=new Array(0,0,0,0,0,0,0,0,0,0)
     for(i=0; i<10; i++)
        {
              barr[i]=new Array(0,0,0,0,0,0,0,0,0,0)
        }
while(time>0)
   {
     i=parseInt(10 * Math.random())
     j=parseInt(10 * Math.random())
     if(setmine(i, j)==1)
        {time=time-1}
   }
   for(j=0; j<10; j++)
      {
       for(i=0; i<10; i++)
          {
            document.write("<td>"+" "+"</td>")
          }
       document.write("<tr>")
```

```
    }
   document. write("</table>")

</script>
<form>
<input type="button" value="开始" onClick="timedCount()">
<input type="text" id="timetxt">
</form>
<p>单击查看，用右键做标记，单击地雷加 20 秒，按 F5 键重新开始！ </p>
</body>
</html>
```

用 IE 打开 mine. html 即可，效果如图 12. 1 所示。没有学过 JavaScript 的读者可以把 C 语言源程序与上述程序相比较，用课余时间学习相关知识，相信你很快就会写出自己的程序。

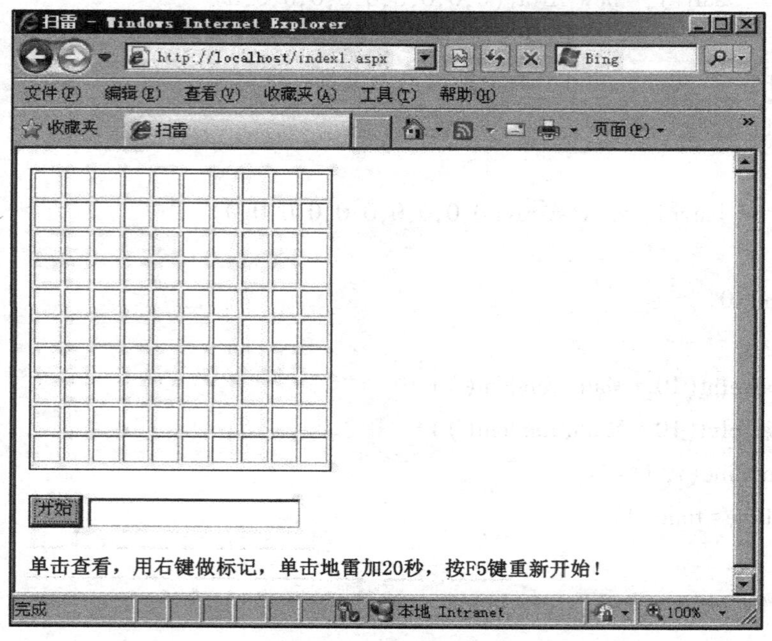

图 12. 1 用 JavaScript 编写的扫雷程序界面

第 13 章

指　　针

通过实验，了解指针的概念，理解指针和地址之间的关系，掌握指针的定义和指针的运算，掌握用数组指针作为函数参数的方法，理解指针函数和指向函数的指针的区别。

13.1 程序理解

1. 阅读并运行程序，掌握指针的定义和引用。

```
main()
{
    int *p, m;
    scanf("%d", &m);
    p=&m;                    /* 指针 p 指向变量 m */
    printf("%d", *p); /* *p 是对指针所指变量的引用形式，与 m 意义相同 */
}
```

程序运行结果是：

上述程序可修改为如下形式：

```
main()
{
    int *p, m;
    p=&m;
    scanf("%d", p);          /* p 是变量 m 的地址，可以替换 &m */
    printf("%d", m);
}
```

程序运行结果是：

2. 阅读并运行程序，理解指针及其用法。

```
main( )
{
    int a, b, *p1, *p2;
    p1=&a;
    p2=&b;
    a=5;
    b=7;
    printf("\na=%d, b=%d, p1=%d, p2=%d", a, b, p1, p2);
    printf("\n&a=%d, *&a=%d, &b=%d, *&b=%d\n", &a, *&a, &b, *&b);
}
```

程序运行结果是：

____

____

【思考】在本题中，可以用 &*a 来代替 *&a 吗？为什么？

3. 阅读并运行程序，理解用指针作为函数参数的使用方法。

```
int max(int *s, int n)
{
    int i, k=0;
    for(i=0; i<n; i++)
        if(s[i]>s[k])    k=i;
    return k;
}
void main( )
{
    int str[ ]={12, 23, 34, 45, 56, 67, 79, 11, 22, 33};
    int m, *add;
    m=max(str, 10);
    add=&str[m];
    printf("%d, %x\n", str[m], add);
}
```

程序运行结果是：

____

____

4. 阅读并运行程序，理解指针函数。

```
#include<string.h>
char *fun(char *str1, char *str2)
{
    int i, j;
    i=strlen(str1);
    j=strlen(str2);
    if(i>j)
        return str1;
    else
        return str2;
}
main()
{
    char str1[81], str2[81];
    printf("Input two string:");
    gets(str1);
    gets(str2);
    printf("输出两个字符串:\n");
    puts(str1);
    puts(str2);
    printf("输出长度大的字符串:%s\n", fun(str1, str2));
}
```

程序运行结果是：

____

____

13.2 程序调试

1. 下述程序的功能是输入 3 个数 a、b、c，然后按由大到小的顺序输出。源程序（说明：程序中有错误）如下，请调试运行。

```
main()
{ int n1, n2, n3;
  int *pointer1, *pointer2, *pointer3;
```

```
    printf("Please input 3 number:n1, n2, n3:");
    scanf("%d, %d, %d", &n1, &n2, &n3);
    pointer1=n1;
    pointer2=n2;
    pointer3=n3;
    if(n1>n2)     swap(pointer1, pointer2);
    if(n1>n3)     swap(pointer1, pointer3);
    if(n2>n3)    swap(pointer2, pointer3);
    printf("The sorted numbers are:%d, %d, %d\n", n1, n2, n3);
}
swap(int p1, int p2)
{ int p;
    p= * p1;    * p1= * p2;    * p2=p;
}
```

请将错误提示信息及解决方法记录在表 13.1 中。

表 13.1 实验记录及总结 1

实验记录	总结

2. 下述程序的功能是：任意输入两个数，调用两个函数分别求两个数的和及交换两个数的值，结果在主函数中输出。源程序（说明：程序中有错误）如下，请调试运行。

```
main()
{  int a, b, c, (*p)();
    scanf("%d, %d", &a, &b);
    p=sum;
```

```
    p(a, b, c);
    p=swap;
    *p(a, b);
    printf("sum=%d\n", c);
    printf("a=%d, b=%d\n", a, b);
}
sum(int *a, int *b, int *c)
{  c=a+b;
}
swap(int a, int b)
{  int t;
   t=a;
   a=b;
   b=t;
}
```

将错误提示信息及解决方法记录在表 13.2 中。

表 13.2 实验记录及总结 2

实验记录	总　结

13.3 程序设计

1. 编写程序，利用指针方法从键盘上输入 3 个整数，求这 3 个整数中的最大值。

【提示】定义 3 个整型变量和 3 个指向整型变量的指针变量，在变量输入和比较大小时都利用指针变量进行运算。

2. 编写函数，该函数的功能为实现两个变量的交换，并在主函数中调用该函数。

【提示】在函数中要实现交换主函数中两个变量的值，必须进行地址传递。

第 14 章

指针与数组

通过实验，理解指针与一维数组和二维数组的关系，掌握字符串与指针的关系，并能够利用指针处理字符串，掌握指针数组的应用，能够利用指针编写简单的程序。

14.1 程序理解

1. 阅读并运行程序，理解指针和一维数组之间的关系。

```
/***********程序1************/
void swap1(int c[])
{
    int t;
    t=c[0];   c[0]=c[1];   c[1]=t;
}
main()
{
    int a[2]={3, 5};
    swap1(a);
    printf("\n%5d  %5d\n", a[0], a[1]);
}
/***********程序2************/
void swap1(int c0, int c1)
{
    int t;
    t=c0;   c0=c1;   c1=t;
}
main()
{
    int a[2]={3, 5};
```

```
    swap1(a[0], a[1]);
    printf("%5d  %5d \n", a[0], a[1]);
}
```

程序运行结果是:

____

____

2. 阅读并运行程序，理解指针与一维数组之间的关系。

```
main()
{
    int i, a[]={1, 2, 3}, *p;
    p=a;                /*将数组 a 的首地址赋给指针 p*/
    for(i=0; i<3; i++)
        printf("%d, %d, %d, %d\n", a[i], p[i], *(p+i), *(a+i));
}
```

程序运行结果是:

____

____

3. 阅读并运行程序，理解指针与二维数组的关系。

```
main()
{
    int a[3][4];
    int i, j;
    for(i=0; i<3; i++)
        for(j=0; j<4; j++)
          scanf("%d", &a[i][j]);              /*数组元素下标表示法*/
    for(i=0; i<3; i++)
    {
        for(j=0; j<4; j++)
            printf("%4d", *(*(a+i)+j));    /*数组元素指针表示法*/
        printf("\n");
    }
    printf("\n");
    for(i=0; i<3; i++)
    {
```

```
        for(j=0; j<4; j++)
            printf("%4d", *(a[i]+j));      /*数组元素下标+指针表示法*/
        printf("\n");
    }
    printf("\n");
}
```

程序运行结果是:

4. 阅读并运行程序，理解字符串与指针之间的关系。

```
main()
{
    char *s, a[20], b[20];
    int i, j, k, n=0;
    s=b;
    printf("输入字符串:");
    scanf("%s", s);
    for(i=0; i<strlen(s)-1; i++)
        for(j=i+1; j<strlen(s); j++)
            if(s[i]>s[j]) {k=s[i];   s[i]=s[j];   s[j]=k;}
    for(i=0; i<strlen(s); i++)
        if(s[i+1]!=s[i])    a[n++]=s[i];
    a[n]='\0';
    printf("%s\n", a);
}
```

输入 42537，程序运行结果是:

程序的功能是:

5. 阅读并运行程序，理解字符串和指针之间的关系。

```
main()
{
```

```
    char *s;
    int i, j=0, max=0;
    s="asd laksdj alksdjfasdf asd.";
    for( ; *s!='.'; s++)
        if( *s!=' ')    j++;
        else
        {
            if(j>max)    max=j;
            j=0;
        }
    printf("%d\n", max);
}
```

程序运行结果是：

____

____

程序的功能是：

____

____

6. 阅读并运行程序，理解指向二维数组中某个一维数组的指针变量。

```
main()
{
    int a[2][3]={2, 4, 6, 8, 10, 12}, b[3][2];
    int (*p)[3], (*q)[2], i, j;
    p=a;    q=b;
    for(i=0; i<2; i++)
        for(j=0; j<3; j++)            q[j][i]=p[i][j];
    for(i=0; i<2; i++)
     {
        for(j=0; j<3; j++)            printf("%4d", p[i][j]);
        printf("\n");
     }
    for(i=0; i<3; i++)
    {
        for (j=0; j<2; j++) printf ("%4d", q[i][j]);
        printf("\n");
```

```
        }
    }
```

程序运行结果是：

7. 阅读并运行程序，理解指针数组。

```
main()
{
    char *str[]={"ENGLISH","MATH","MUSIC","PHYSICS","CHEMISTRY"};
    char **p;
    int num;
    p=str;
    for(num=0; num<5; num++)
        printf("%s\n", *p++);
}
```

程序运行结果是：

8. 阅读并运行程序，理解二维数组与指针之间的关系。

```
main()
{
    int a[5][5]={0}, *p[5], i, j;
    for(i=0; i<5; i++)
        p[i]=&a[i][0] ;
    for(i=0; i<5; i++)
    {
        *(p[i]+ i)= 1;
        *(p[i]+5-i-1)= 1;
    }
    for(i=0; i<5; i++)
    {
        for(j=0; j<5; j++)
            printf("%2d", p[i][j]);
        printf("\n");    ;
    }
}
```

程序运行结果是：

____

____

14.2 程序调试

1. 以下程序用于统计输入的字符串中小写字母的个数。源程序如下，请调试运行。

```
int sletter(char s)
{
    int n=0;
    while( * s!= '0')
    {
        if( * s>='a'&& * s<='z')     n++;
         * s++;
    }
    return n;
}
main()
{
    char str[80];
    gets(str);
    printf("small letter=%d\n", sletter(str));
}
```

请将错误提示信息及解决方法记录在表 14.1 中。

表 14.1 实验记录及总结 1

实验记录	总结

2. 下述程序中函数fun()的功能是：将s所指的字符串按正序和反序进行连接，在t所指的数组中形成一个新串。例如，当s所指字符串为"ABCD"时，则t所指字符串中的内容应为"ABCDDCBA"。源程序如下，请调试运行。

```
#include<string.h>
void fun(char s, char t)
{
    int i, d;
    d = strlen(s);
    for(i=0; i<d; i++)
        t[i] = s[i];
    for(i=0; i<d; i++)
        t[d+i] = s[d-1-i];
    t[2*d-1] = '0';
}
main()
{
    char s[100], t[100];
    printf("\nPlease enter string s:");
    scanf("%s", s);
    fun(s, t);
    printf("\nThe result is:%s\n", t);
}
```

请将错误提示信息及解决方法记录在表14.2中。

表14.2 实验记录及总结2

实验记录	总结

3. 下述程序的功能是：输入 3 个字符串，然后按由小到大的顺序输出。源程序如下，请调试运行。

```
main()
{
    char str1[20], str2[20], str3[20];
    void swap();
    printf("Please enter three string:\n");
    gets(str1);    gets(str2);      gets(str3);
    if(strcmp(str1, str2)>0)        swap(str1, str2);
    if(strcmp(str1, str3)>0)        swap(str1, str3);
    if(strcmp(str2, str3)>0)        swap(str2, str3);
    printf("\n");
    printf("%s\n%s\n%s\n", str1, str2, str3);
}
void swap(char p1, char p2)
{  char *p;
    p=p1;   p1=p2;   p2=p;
}
```

请将错误提示信息及解决方法记录在表 14.3 中。

表 14.3 实验记录及总结 3

实验记录	总　结

14.3 程序设计

1. 编写自定义函数 delchar(char *str)，实现删除字符串中非字母字符的功能。通过主函数调用自定义函数实现。

【提示】在主函数中输入原始字符串，利用数组名做参数调用自定义函数，最后在主函数中输出删除非字母字符后的字符串。

2. 已知一个整型数组 a[5]，各元素的值分别为 4、6、8、10、12。使用指针求该数组元素之积。

【提示】首先利用指针变量 p 指向数组中的第一个元素，然后利用 s = 1; s * = *(p+i) * = *(p+i) 对数组中的其余元素求乘积。

3. 利用指针编程，输入一行字符，找出其中的大写字母、小写字母、空格、数字及其他字符各有多少个。

【提示】字符可以直接进行比较，但是要注意字符串中的数字是字符数字，必须以字符的形式比较，也就是加上单引号。

14.4 课程设计

设计字符串数组，分别存储扑克牌的花色和面值，如下定义：

```
char *suit[4]={"\003","\004","\005","\006"};  //红桃、方块、梅花、黑桃
char *face[13]={"A","2","3","4","5","6","7","8","9","10","J",
"Q","K"};
```

编程显示所有可能的扑克牌。

第 15 章

结构体与共用体

通过实验，掌握结构体的定义及结构体成员的引用方法，掌握结构体数组和指向结构体类型数据的指针的用法，掌握共用体的定义及共用体成员的引用方法，掌握使用 typedef 定义类型的方法，能够利用构造类型编写简单的程序。

15.1 程序理解

1. 阅读并运行程序，掌握结构体的定义以及结构体成员的引用方法。

```
struct ss
{
    float ma, ph, ch;
};
void main()
{
    struct ss student;
    int i;
    printf("输入一个学生 3 门课程的成绩：");
    scanf("%f%f%f", &student.ma, &student.ph, &student.ch);
    printf("average=%f\n", (student.ma+student.ph+student.ch)/3);
}
```

程序运行结果是：

____

____

2. 阅读并运行程序，掌握结构体数组的定义和引用方法。

```
struct book
{
    char bookname[20];
    float price;
```

```
}book[3]={"计算机基础",25.3,"C程序设计",28.6,"计算机网络",22.5};
void main()
{
    int i;
    float sumprice=0;
    for(i=0; i<3; i++)
        sumprice+=book[i].price;
    printf("Total=%.2f\n",sumprice);
}
```

程序运行结果是：

---

3. 阅读并运行程序，掌握结构体数组的运算方法。

```
struct aa
{
    char name[10];
    char tel[20];
};
void main()
{
    struct aa stud[]={"Liming","88776655","Wangping",
                      "88665544","Zhanghua","88554433"};
    char nn[10];
    int i;
    printf("Please input name:");
    gets(nn);
    for(i=0; i<3; i++)
        if(strcmp(stud[i].name, nn)==0)    break;
    if(i<3)   printf("name:%s   tel:%s\n",stud[i].name, stud[i].tel);
    else      printf("Can not find.\n");
}
```

输入 Zhanghua，程序运行结果是：

---

4. 阅读并运行程序，掌握指向结构体类型数据的指针的用法。

```
struct man
{
    char name[20];
    int age;
}person[]={"Li", 18, "Wang", 19, "Zhang", 20};
main()
{
    struct man *p;
    float s=0;
    for(p=person; p<person+3; p++)
        s+=p->age;
    printf("average=%.1f\n", s/3);
}
```

程序运行结果是：

____

____

5. 阅读并运行程序，掌握结构体数组的应用方法。

```
struct student
{
    char num[6], name[10];
    int score[3];
    int sum;
}stu[10], temp;                          /*定义结构*/
void main()
{
    int i, j;
    printf("Input num name score1 score2 score3:");
    for(i=0; i<10; i++)
    {
        scanf("%s%s", stu[i].num, stu[i].name);
        for(j=0; j<3; j++)
            scanf("%d", &stu[i].score[j]);
    }                                    /*输入 10 个学生的相关数据*/
    for(i=0; i<10; i++)
    {
```

```
        stu[i].sum=0;
        for(j=0; j<3; j++)    stu[i].sum+=stu[i].score[j];
    }                              /*求出每个学生的总成绩*/
    for(i=0; i<9; i++)
        for(j=i+1; j<10; j++)
            if(stu[i].sum<stu[j].sum)
            {
                temp=stu[i];
                stu[i]=stu[j];
                stu[j]=temp;
            }                      /*排序*/
        for(i=0; i<10; i++)
            printf("Number is %s,sum is %d\n", stu[i].num, stu[i].sum); /*输出*/
}
```

输入:

```
1 aa 78 66 97
2 bb 98 56 87
3 cc 83 64 75
…
…
```

程序运行结果是:

---

6. 阅读并运行程序，熟悉共用体变量的使用方法。

```
#include<stdio.h>
union ab{
    int a;
    char b[2];
    };
void main()
{
    union ab t;
    t.a=0x1234;
    printf("t.a=%x\nt.b[1]=%x\nt.b[0]=%x\n", t.a, t.b[1], t.b[0]);
}
```

程序运行结果是：

____

____

15.2 程序调试

1. 下述程序的功能是定义一个结构体变量 a，然后输出 a 变量中每一个成员的值。源程序（说明：程序中有错误）如下，请调试运行。

```
main()
{
    student struct
    {
      char flag;
      float t;
    };
    struct a={'a', 46};
    printf("%c, %f\n", a.flag, a.t);
}
```

请将错误提示信息及解决方法记录在表 15.1 中。

表 15.1 实验记录及总结 1

实验记录	总 结

2. 调试运行下列程序，找出并改正其中的错误。

```
struct xs
{   int num;
```

```
    char name[20];
    char sex;
    int age;
}stu[3]={{10101, "Li Lin", 'M', 18},
         {10102, "Zhang Fun", 'M', 19},
         {10104, "Wang Min", 'F', 20}};
main()
{
    struct xs  *p;
    for(p=stu; p<stu+3; p++)
        printf("%d %s %c %d\n", p->num, p->name, p->sex, p->age);
}
```

请将错误提示信息及解决方法记录在表 15.2 中。

表 15.2 实验记录及总结 2

实验记录	总结

15.3 程序设计

1. 编写程序，输入学生的学号、姓名和 3 门课程的成绩，要求利用结构体变量输出学生的学号、姓名及平均成绩。

【提示】在结构体类型定义中，学号为长整型，姓名为字符数组，成绩为实型。

2. 定义一个学生结构体数组用于存储若干学生的学号、姓名和3门课程的成绩。函数fun()的功能是将存放学生数据的结构体数组按照姓名的字典序（从小到大）排序。

【提示】字符串的比较需要使用字符串比较函数。

15.4 课程设计

根据扑克牌游戏的玩法，设计字符结构体数组表示一副扑克牌，请分析相应属性，设计相应成员，设计初始化扑克牌的函数和显示扑克牌的函数。

第 16 章

链　　表

通过实验，理解链表的概念，初步掌握对链表的操作方法，了解在函数之间传送链表的方法。

16.1　程序理解

1. 阅读并运行程序，理解动态存储分配方法。

```
#include<stdio.h>
main()
{
    struct st
    {
        int n;
        struct st *next;
    } *p;
    p=(struct st *)malloc(sizeof(struct st));
    p->n=5;    p->next=NULL;
    printf("p->n=%d\tp->next=%x\n", p->n, p->next);
}
```

程序运行结果是：

____

____

2. 阅读并运行程序，理解链表的基本运算方法。

```
#include<stdio.h>
struct list
{
  int i;
  char name[4];
```

```
    float w;
}tab[4]={{1, "H", 1.008}, {2, "He", 4.0026}, {3, "Li", 6.941}, {4, "Be",
9.01218}};
main()
{
    struct list *p;
    printf("No\tName\tAtomic Weight\n");
    for(p=tab; p<tab+4; p++)
        printf("%d\t %s\t %f\n", p->i, p->name, p->w);
}
```

程序运行结果是:

____

____

3. 阅读并运行程序，掌握链表的常用操作方法。

```
#include<stdio.h>
#define NULL 0
struct node
{
    int data;
    struct node *p;
};
void main()
{
    struct node *head, *building();
    void printing(struct node *);
    head=building();
    printing(head);
}
struct node *building()
{
    struct node *head, *last, *next;
    int x;
    head=(struct node *)malloc(sizeof(struct node));
    printf("Input integer,0 end:");
    scanf("%d", &x);
```

```
    head->data=x;                     //建立首结点
    last=head;
    scanf("%d", &x);
    while(x>0)
    {
        next=(struct node *)malloc(sizeof(struct node));
        next->data=x;                 //建立新结点
        last->p=next;                 //链到表尾
        last=next;                    //指针下移
        scanf("%d", &x);
    }
    last->p=NULL;                     //表尾置空
    return(head);
}
void printing(struct node *head)
{
    struct node *next;
    next=head;                        //从表头开始
    while(next!=NULL)
    {
        printf("%4d", next->data);
        next=next->p;
    }                                 //指针后移
    printf("\n");
}
```

程序运行结果是：

16.2 程序调试

下述程序利用传递指针的方法完成复数乘法运算。源程序（说明：程序中有错误）如下，请调试运行。

```
struct complex
{   float re, im;
```

```
};
struct complex multiplier(struct complex *px, struct complex *py)
{
    struct complex pz;
    pz.re=px->re * py->re - px->im * py->im;
    pz.im=px->re * py->im + px->im * py->re;
    return pz;
}
void main( )
{   struct complex x, y, z;
    x.re=3.2;    x.im=1.5;
    y.re=2.7;    y.im=4.6;
    z=multiplier(&x, &y);
    printf("(%f+%fi) * (%f+%fi) = %f+%fi\n", x.re, x.im, y.re, y.im, z.re,
z.im);
}
```

请将错误提示信息及解决方法记录在表 16.1 中。

表 16.1 实验记录及总结

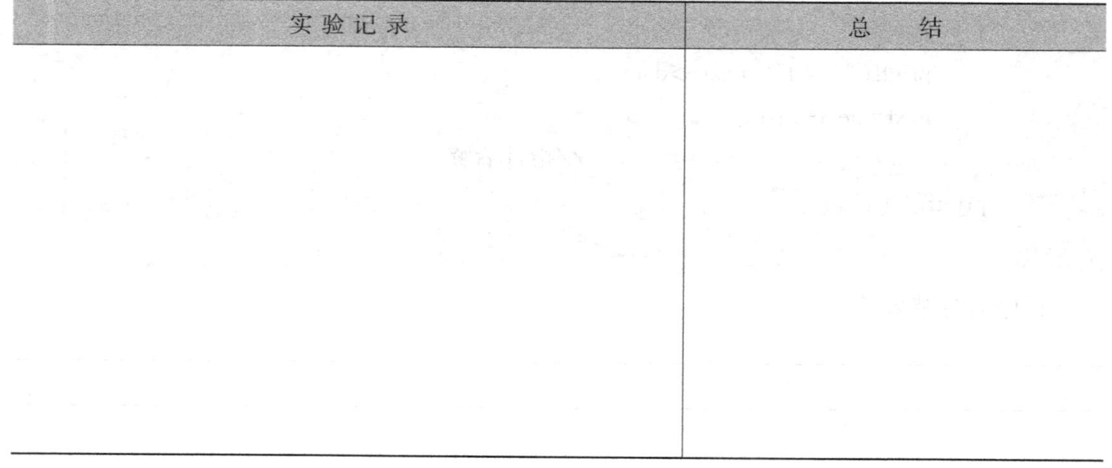

实验记录	总结

16.3 程序设计

1. 编写程序，其功能是将带头结点的单向链表结点数据域中的数据从小到大排序。即若原链表结点数据域从头至尾的数据为 10、4、2、8、6，排序后链表结点数据域从头至尾的数据为 2、4、6、8、10。

【提示】通过比较链表中相邻结点的值，利用双重循环实现排序。

2. 建立如下图所示的循环单向链表，计算链表中每 3 个相邻结点数据域中数据的和，输出其中的最小值。

【提示】从前到后依次遍历链表，依次取相邻 3 个结点的变量和进行比较。

head ……

第 17 章

文　　件

掌握文件和文件指针的概念，掌握打开文件、关闭文件和文件读写函数的应用，能够利用文件操作函数编写程序。

17.1　程序理解

1. 阅读并运行程序，理解文件指针的概念。

```
#include<stdio.h>
main()
{
    FILE *fp;
    char ch;
    int count=0;
    if((fp=fopen("ex.c","r"))==NULL)
      {
          printf("Cannot open file\n");
          exit(0);
      }
    while(!feof(fp))
      {
          ch=fgetc(fp);
          if(ch>='0'&&ch<='9')    count++;
      }
     printf("count=%ld\n",count);
     fclose(fp);
}
```

将本程序文件命名为 ex. c，请说明本程序的功能是什么？将其功能填写在下方。

____

____

2. 阅读并运行程序，掌握文件读写函数的运用。

```
#include<stdio.h>
main()
{
    FILE *fp;
    char ch, fname[100];
    int count=0;
    scanf("%s", fname);
    if((fp=fopen(fname, "w"))==NULL)
      {
          printf("Can't open file:%s\n", fname);    exit(0);
      }
    while((ch=getchar())!='#')
      {
          fputc(ch, fp);
          if(ch>='a'&&ch<='z')      count++;
      }
     fprintf(fp, "\n%d\n", count);
     fclose(fp);
}
```

输入：

```
aa.txt
Abcdefgh
#
```

关闭程序后，在当前目录下找到“aa.txt”文件，用“记事本”程序打开该文件，查看内容，并将查看到的内容记录在下方。

___

___

3. 阅读并运行程序，掌握文件读写函数的应用方法。

```
#include<stdio.h>
main()
{
    FILE *fp;
    char ch;
```

```
    if((fp=fopen("d:\\upper.txt","w"))==NULL)
        exit(0);
    do
    {
        ch=getchar();
        if(ch>='a'&&ch<='z')
            ch=ch-32;
        fprintf(fp,"%c",ch);
    }while(ch!='\n');
    fclose(fp);
    fp=fopen("d:\\upper.txt","r");
    while(!feof(fp))
        putchar(fgetc(fp));
}
```

输入：

```
No best, only better!
```

程序运行结果是：

____

____

在计算机上查找“upper. txt”文件，其中的内容是：

____

____

17.2 程序调试

1. 下述程序将从键盘输入的 3 行字符写到“d:\f1. dat”文件中。

源程序（说明：程序中有错误）如下，请调试运行。

```
#include"string.h"
void main()
{
    File *fp;
    char ch[80];
    int i, j;
    fp=fopen("d:\\f1.dat","r");
```

```
    for(i=1; i<=3; i++)
    {
        gets(ch);
        j=0;
        while(ch[j]!='0')
        {
            fputc(ch[j], fp);
            j++;
        }
        fputc('\n', fp);
    }
    fclose(fp);
}
```

请将错误提示信息及解决方法记录在表 17.1 中。

表 17.1 实验记录及总结

实验记录	总结

2. 下述程序将输入的 10 个整数写入一个二进制文件中。

源程序（说明：程序中有错误）如下，请调试运行。

```
main()
{
    int x[10], i;
    FILE *fp;
    for(i=0; i<10; i++)
        scanf("%d", x[i]);
```

```
    fp=fopen("d:\\f2.dat","r");
    if(fp==NULL)
    {
        printf("Open error.\n");
        exit(0);
    }
    for(i=0;i<10;i++)
        fwrite(x[i],sizeof(int),1,fp);
    fclose(fp);
}
```

请将错误提示信息及解决方法记录在表 17.2 中。

表 17.2 实验记录及总结

实验记录	总结

17.3 程序设计

1. 编写程序，完成以下功能：从键盘读入一个字符串，将其中的大写英文字符转换为小写，然后输出到“file1.txt”文件中。

【提示】利用 fprint( ) 函数实现将字符串写入文件中。

2. 编写程序，完成以下功能：从键盘输入 10 个学生的数据（学号、姓名、所在系以及 3 门课程的成绩），并将这些数据保存在“file2.txt”文件中，然后再读出文件中的数据并将它们显示在屏幕上。

【提示】利用 fwrite( )函数实现将结构体类型数据写入文件，利用 fread( )函数实现从指定文件中读取结构体类型数据。

第 18 章

课程设计案例

课程设计是学习本课程后提高综合应用能力的一个环节，本章通过一个案例，进一步学习常用的数据组织形式，通过编制趣味程序或小型系统，进一步提高设计算法和编制程序的能力。

18.1 扑克牌游戏

通过编制玩扑克牌这类小游戏趣味程序，可以进一步了解开发游戏程序的一般思路。

扑克牌游戏的种类很多，本章设计一个简化的同花顺游戏。有一副扑克牌，共 52 张，有红桃、方块、梅花、黑桃 4 种花色。牌面值由小到大依次为：A、2、3、4、5、6、7、8、9、10、J、Q、K。游戏人数可以是 2 到 3 人。游戏规则是每次每人获得 3 张扑克牌，然后互相比较大小决定胜负。

18.1.1 概要设计

(1) 分析需求，理解题意。

(2) 确定数据的组织形式，即确定数据结构。

(3) 总体设计和详细设计：总体设计主要包括描述基本处理流程、分配功能、划分模块、设计接口等。详细设计主要包括描述每一个模块的算法、流程。

(4) 界面设计：界面是用户与计算机交互的重要媒介，一般游戏程序的界面都以图形模式显示，在 C 语言中可以通过相关图形函数实现；而 C 语言文本模式实现界面则较为简单，本章用文本模式，不进行图形界面设计。

(5) 代码的编写、调试、运行。

本程序中，先定义扑克牌结构体如下：

```
typedef struct card
{
    char *face;        //牌面值字符串
    char *suit;        //花色字符串
    int player;        //玩家序号
```

```
    int deal;        //0 表示未分配玩家，1 表示已分配玩家
    int weight;      //权重是综合考虑花色、牌面值因素用来比较牌面值大小的数值
                     //本例规定按花色优先、牌面值从小到大，用 1~52 作为权重
    int out;         // 玩家已发牌为 1，未发为 0
}Card;
```

再定义表示一副牌的数组：

```
Card deck[52];
```

初始化函数 initCard()——完成程序开始的准备，设置完成所有扑克牌的初始信息。

显示一副牌函数 printfCard()——以字符方式显示 52 张扑克牌。

显示玩家的牌函数 playercard()——显示指定玩家的牌，以提示玩家输入牌面值等。

随机分发扑克函数 deal()——给指定玩家分发若干张牌。

主控函数 main()——控制程序的流程，让游戏者依次发牌进行游戏。

程序流程如图 18.1 所示。

在主模块中，通过递增式开发，可以较容易地实现上述基本功能，由于用户发牌比较复杂，可以先不考虑，暂放一个空函数 play()，待基本功能实现后，再详细设计相关功能。在编程时应设计测试用例，待调试通过后，用注释符号屏蔽掉即可。

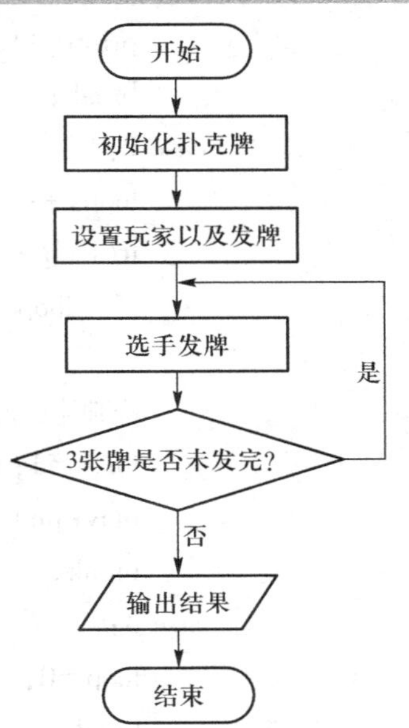

图 18.1 扑克牌游戏程序流程图

```
void main()
{
    int a, pn, cn=3, i;
    int loop=1;
    srand(time(0));              //调用随机函数
    initCard();
    //deal(1, 5);                //给用户分发扑克牌的测试用例
    //printfCard();
    //playercard(1);
    while(loop)
    {
        menu();
```

```
            printf("请输入菜单功能编号:");
            scanf("%d", &a);
            switch(a)
            {
            case 1:
                printf("玩家数目:");
                scanf("%d", &pn);
                printfCard();
                printf("\n");
                break;
            case 2:
                loop++;
                if(loop * cn * pn>52)              //分发扑克牌数大于 52 则结束
                {   loop=0;     break;
                }
                //随机分发扑克牌
                for(i=1; i<=pn; i++)           deal(i,cn);
                play(pn);
                break;
            case 3:
                loop=0;
                break;
            default:
                printf("选择错误,请重新选择!\n");
                break;
            }
        }
}
```

18.1.2 递增式开发与重构

所谓递增式开发，就是先解决核心问题，再去发现和解决其他需求，在程序设计中，可以变化为递增式编程、调试。在调试的过程中，针对发现的问题，通过重构，控制模块大小，保持功能的单一性。

初步设计，用户发牌的流程如图 18.2 所示。

进一步分析，发牌类型有单张、成对、三张同、三张连这几种情况，分别设计用户发牌的三种情况（playone、playtwo、playthree）。用户发两张或三张时要检验是否符合规则，用户从键盘输入时要保证输入正确，因此须设计测试函数，发牌时要修改扑克状态信息，并给出发牌面值的大小以方便比较。

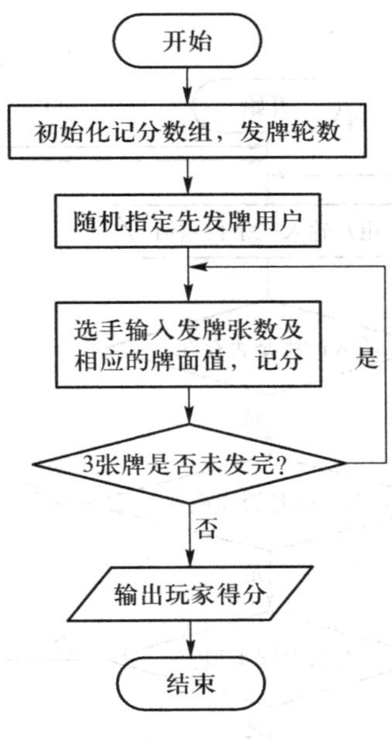

图 18.2 发牌流程图

单张测试（testone）只需要检测用户是否发牌，发牌（outone）时只要返回牌面值的权重，以方便比较大小即可，用户发单张牌时的流程如图 18.3 所示。

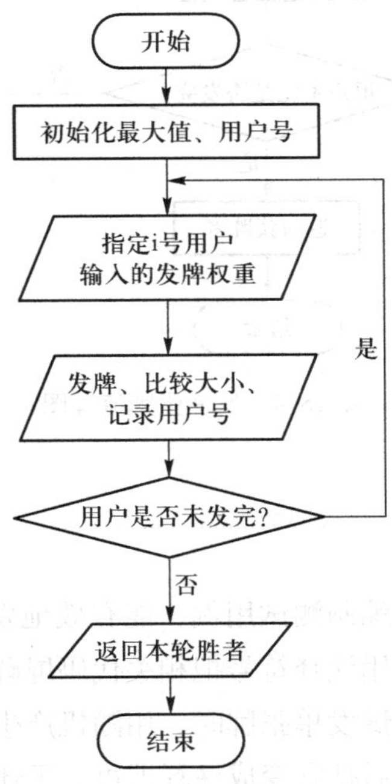

图 18.3 发单张牌流程图

成对发牌及发三张牌时，首先保证首位发牌者发的牌符合规则，然后和后续发牌中符合规则的进行大小比较，不符合的直接发牌，未必成对或三张同或三张连。发牌流程图如图 18.4 所示。

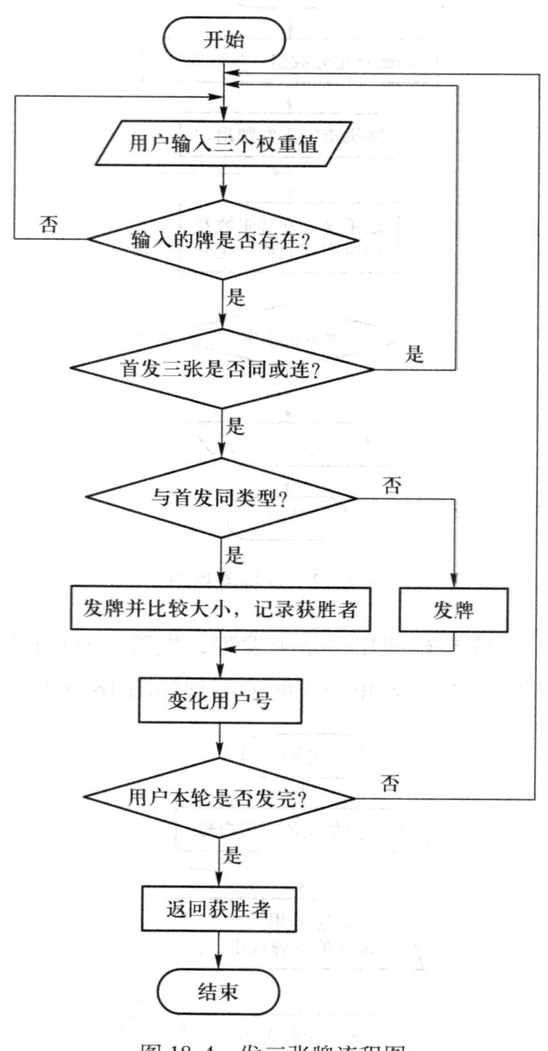

图 18.4 发三张牌流程图

18.1.3 测试驱动

在开发过程中，有针对性地编制测试用例，能有效地发现问题和加快开发速度，在 C 语言程序中，测试完成后，可以用注释符号把相关代码屏蔽起来，这样既能使操作简单又能看出开发过程。如在程序中测试发单张牌时，用随机产生即可，但要求测试两张或三张时，则需要特定的数据，测试完后把它变成注释即可，下述代码是玩家有两张相同的牌的测试用例。

```
/*玩家有两张相同的牌的测试用例
        deck[0].player=1;      deck[0].deal=1;
        deck[13].player=1;deck[13].deal=1;
        deck[1].player=2;      deck[1].deal=1;
        deck[14].player=2;deck[14].deal=1;
        deck[3].player=3;      deck[3].deal=1;
        deck[16].player=3;deck[16].deal=1;
        for(i=1; i<=pn; i++)  deal(i,1);
*/
```

18.2 源程序及说明

根据递增式开发思想，通过测试驱动编程，初步完成源程序如下：

```
#include<stdio.h>
#include<stdlib.h>
#include<time.h>
//定义扑克牌结构体
typedef struct card
{
    char *face;
    char *suit;
    int player;                 //玩家序号
    int deal;                   //0 表示未分配，1 表示已分配
    int weight;                 //权重
    int out;                    //已发牌为 1，未发牌为 0
}Card;
Card deck[52];                  //定义一副牌数组

//定义初始化函数 initCard()
void initCard()                 //花色优先
{
    int i;
    char *suit[4]={"\003","\004","\005","\006"}; //红桃、方块、梅花、黑桃
    char *face[13]={"A","2","3","4","5","6","7","8","9","10",
"J","Q","K"};
```

```
    for(i=0; i<52; i++)
    {
        deck[i].face=face[i%13];
        deck[i].suit=suit[i/13];
        deck[i].player=0;
        deck[i].deal=0;
        deck[i].weight=i+1;
        deck[i].out=0;
    }
}

//定义菜单函数
void menu()
{
        printf("+*+*++++++++++++++++++++++++++++++++++++++++*+\n");
        printf("+*+                    主菜单                    +*+\n");
        printf("+*+                    1. 设置                    +*+\n");
        printf("+*+                    2. 发牌                    +*+\n");
        printf("+*+                    3. 退出                    +*+\n");
        printf("+*+*++++++++++++++++++++++++++++++++++++++*+*+\n");
}

//显示一副牌函数
void printfCard()
{
    int i;
    for(i=0; i<52; i++)
    {
        printf("%s", deck[i].suit);
        printf("-%s %d\t", deck[i].face, deck[i].weight);
        if((i+1)%5==0)   printf("\n");
    }
    printf("\n");
}
//显示玩家n的牌
void playercard(int n)
{
```

```
    int i, count=0;
    printf("玩家%d 的牌:", n);
    for(i=0; i<52; i++)
    if(!deck[i].out&&deck[i].player==n)
    {
        printf("%s", deck[i].suit);
        printf("-%s %d\t", deck[i].face, deck[i].weight);
        count++;
        if(count%5==0)      printf("\n");
    }
    printf("\n");
}

//随机分发扑克牌函数, 给 pn 玩家 cn 张牌, cn>0
void deal(int pn, int cn)
{
    int i, j;
    for(i=0; i<cn; i++)
    {
        do
        {
            j=rand()%52;
        }while(deck[j].deal);
        deck[j].player=pn;
        deck[j].deal=1;
    }
}
//测试用户单张牌的合法性, pn 为用户号, x 为牌的权重
int testone(int pn, int x)
{
    int i, sum=0;
    for(i=0; i<52; i++)
        if(!deck[i].out&&deck[i].player==pn)
        {
            if(deck[i].weight==x)      sum++;
        }
```

```
    return sum;                //1 表示合法
}
//给用户发单张牌，pn 为用户号，x 为牌的权重
int outone(int pn, int x)
{
    int i, sum=0;
    for(i=0; i<52; i++)
        if(!deck[i].out&&deck[i].player==pn)
        {
            if(deck[i].weight==x)    {sum+=x;    deck[i].out=1;}
        }
    return sum;
}
/*测试用户两张牌的合法性，pn 为用户号，x、y 为牌的权重，返回值为 1 表示合法，
返回值为 2 表示成对*/
int testtwo(int pn, int x, int y)
{
    int i, sum=-1;
    for(i=0; i<52; i++)
      if(!deck[i].out&&deck[i].player==pn)
      {
          if(deck[i].weight==x)    sum++;
          if(deck[i].weight==y)    sum++;
      }
    if(sum==1)
        if(x%13==y%13)             sum++;
    return sum;                //1 表示合法，2 表示成对
}
//用户发两张牌，pn 为用户号，x、y 为牌的权重，返回值为两个牌面值的和
int outtwo(int pn, int x, int y)
{
    int i, sum=0;
    for(i=0; i<52; i++)
      if(!deck[i].out&&deck[i].player==pn)
      {
        if(deck[i].weight==x)    {sum+=x%13;    deck[i].out=1;}
```

```
        if(deck[i].weight==y)    {sum+=y%13;    deck[i].out=1;}
      }
    return sum;
}
//测试用户三张牌的合法性，pn 为用户号，x、y、z 为牌的权重
//返回值为 1 表示合法，为 2 表示三张同，为 3 表示三张相连
int testthree(int pn, int x, int y, int z)
{
    int i, sum=-2;
    //printf("%d %d %d %d\n", pn, x, y, z);
    for(i=0; i<52; i++)
      if(!deck[i].out&&deck[i].player==pn)
      {
          if(deck[i].weight==x)    sum++;
          if(deck[i].weight==y)    sum++;
          if(deck[i].weight==z)    sum++;
      }
      if(sum==1)
      {
          if(x%13==y%13&&x%13==z%13)            sum=2;
          if((x+1)%13==y%13&&(x+2)%13==z%13) sum=3;
      }
      return sum;     //1 表示合法，2 表示三同，3 表示三连
}
//用户发三张牌，pn 为用户号，x、y、z 为牌的权重，返回值为三个牌面值的和
int outthree(int pn, int x, int y, int z)
{
    int i, sum=0;
    for(i=0; i<52; i++)
      if(!deck[i].out&&deck[i].player==pn)
      {
        if(deck[i].weight==x) {sum+=x%13;deck[i].out=1;}
        if(deck[i].weight==y) {sum+=y%13;deck[i].out=1;}
        if(deck[i].weight==z) {sum+=z%13;deck[i].out=1;}
      }
    return sum;
```

```
}
//首发发单张时，完成一轮发牌，记录权重最大者为胜，获胜者获下一轮发牌权
int playone(int pn, int i)
{
    int j, max=0, win=0, x, t;
    for(j=1; j<=pn; j++)
    {
        do
        {
            printf("请%d号输入发牌的牌面值:", i);
            scanf("%d", &x);
        }while (!testone(i, x));
        t=outone(i, x);
        if(t>max)      {max=t;    win=i;}
        i=i+1;
        if(i==pn+1)     i=1;
    }
    return win;
}
//首发发牌成对时，完成一轮发牌，记录成对发牌的权重最大者为胜
//不成对的不进行比较，获胜者获下一轮发牌权
int playtwo(int pn, int i)
{
    int j, first=i, max=0, win=0, x, y, t, tt=2;
    for(j=1; j<=pn&&tt>=2; j++)
    {
        do
        {
            printf("请%d号输入发牌的两个牌面值:", i);
            scanf("%d%d", &x, &y);
        }while(!testtwo(i, x, y));
        if(first==i)
        {
            tt=testtwo(i, x, y);
            if(tt<2)    printf("发牌不符合要求\n");
        }
```

```
        if(testtwo(i, x, y)==2)
        {
            t=outtwo(i, x, y);
            if(t>max)    {max=t;  win=i;}
        }
        if(first!=i&&testtwo(i, x, y)!=2)
            outtwo(i, x, y);
        i=i+1;
        if(i==pn+1)    i=1;
    }
    return win;
}
//首发发三张牌时或相同或相连，记录发牌类型，记录同类型发牌的权重最大者为胜
//类型不同的不进行比较，完成一轮发牌
int playthree(int pn, int i)
{
    int j, first=i, max=0, win=0, x, y, z, t, tt=2;
    for(j=1; j<=pn&&tt>=2; j++)
    {
        do
        {
            printf("请%d号输入发牌的三个牌面值:", i);
            scanf("%d%d%d", &x, &y, &z);
        }while (!testthree(i, x, y, z));
        if(first==i)
        {
            tt=testthree(i, x, y, z);
            if(tt<2)    printf("发牌不符合要求\n");
        }
        if(testthree(i, x, y, z)==tt&&tt>1)
        {
            t=outthree(i, x, y, z);        //printf("t=%d\n",t);
            if(t>max)    {max=t;  win=i;}
        }
        if(first!=i&&testthree(i,x,y,z)!=tt&&tt>1)
            outthree(i, x, y, z);
```

```
        i=i+1;
        if(i==pn+1)    i=1;
    }
    return win;
}
//控制三张牌分一到三轮完成发牌，随机确定首发者，胜者下一轮先发
//后发者只能与先发者为同类型牌
void play(int pn)
{
    int win[10]={0};
    int i, j, count=3, n, x=0;
    srand(time(0));
    i=rand()%pn+1;
    while(count>0)
    {
        for(j=1; j<=pn; j++)       playercard(j);
        do
        {
            printf("请%d号输入出牌张数:", i);
            scanf("%d", &n);
        }while(n<1||n>3);
        if(n==1)    x=playone(pn, i);
        if(n==2)    x=playtwo(pn, i);
        if(n==3)    x=playthree(pn, i);
        if(x>0)
        {
            win[x]=win[x]+n;
            i=x;
            x=0;
            count=count-n;
        }
        fflush(stdin);
    }
    for(i=1; i<=pn; i++)      printf("玩家%d得分%d\n", i, win[i]);
}
```

```
//主函数
void main()
{
    int a, pn, cn=3, i;
    int loop=1;
    srand(time(0));          //调用随机函数
    initCard();
    //deal(1, 5);
    //printfCard();
    //playercard(1);
    while(loop)
    {
        menu();
        printf("请输入菜单功能编号:");
        scanf("%d", &a);
        switch(a)
        {
        case 1:
            printf("玩家数目:");
            scanf("%d", &pn);
            printfCard();
            printf("\n");
            break;
        case 2:
            loop++;
            if(loop * cn * pn>52)
            {
                loop=0;     break;
            }
            //随机发牌
            for(i=1; i<=pn; i++)       deal(i,cn);
            /* 玩家有两张相同的牌的测试用例
            deck[0].player=1;       deck[0].deal=1;
            deck[13].player=1;deck[13].deal=1;
            deck[1].player=2;       deck[1].deal=1;
            deck[14].player=2;deck[14].deal=1;
```

```
            deck[3].player=3;        deck[3].deal=1;
            deck[16].player=3;deck[16].deal=1;
            for(i=1; i<=pn; i++)  deal(i,1);
            */
            /*玩家有三张相同的牌的测试用例，测试时 1 或 2 先发
            deck[0].player=1;        deck[0].deal=1;
            deck[13].player=1;deck[13].deal=1;
            deck[26].player=1;deck[26].deal=1;
            deck[1].player=2;        deck[1].deal=1;
            deck[14].player=2;deck[14].deal=1;
            deck[27].player=2;deck[27].deal=1;
            deck[3].player=3;        deck[3].deal=1;
            deck[16].player=3;deck[16].deal=1;
            deck[30].player=3;deck[30].deal=1;
            */
            /*玩家有三张连的牌的测试用例，测试时 1 或 2 先发
            deck[0].player=1;        deck[0].deal=1;
            deck[1].player=1;        deck[1].deal=1;
            deck[2].player=1;        deck[2].deal=1;
            deck[10].player=2;deck[10].deal=1;
            deck[11].player=2;deck[11].deal=1;
            deck[12].player=2;deck[12].deal=1;
            deck[15].player=3;deck[15].deal=1;
            deck[16].player=3;deck[16].deal=1;
            deck[18].player=3;deck[18].deal=1;
            */
            play(pn);
            break;
        case 3:
            loop=0;
            break;
        default:
            printf("选择错误，请重新选择!\n");
            break;
        }
    }
}
```

初步完成源程序后，还可能有一些待完善的细节或错误，通过进一步的调试才能发现并进一步修改程序。

18.3 课程设计任务

18.3.1 任务1

在编写完上述程序的基础上进一步完成实现人机游戏的扩展任务，让计算机代表一个或两个玩家与人游戏。

【提示】增添计算机辅助发牌模块，自动识别手中有没有三张相同或相连的牌，若先发时，一次发出，若非先发时，能选择成对或单张去参与本轮比赛，单张时能选择大的或小的参与，具有一定智能，这样用户就可以和计算机玩游戏了。

18.3.2 任务2

参照上面的程序，设计一个新的扑克牌游戏，有一副扑克牌，共54张，红桃、方块、梅花、黑桃4种花色，4色牌面值由小到大依次为：A、2、3、4、5、6、7、8、9、10、J、Q、K。另外有大王、小王各一张，游戏人数可以是2到3人。

游戏规则：开始时每人获得5张扑克牌，然后发牌，可发单张或一对，比较大小，比前面小的或没对的不能出牌，本轮结束后都补足5张，胜者下一轮先发牌，整副牌发完后，先发完手中的牌者为胜。

郑重声明

读者意见反馈

为收集对教材的意见建议，进一步完善教材编写并做好服务工作，读者可将对本教材的意见建议通过如下渠道反馈至我社。

咨询电话 400-810-0598

反馈邮箱 gjdzfwb@ pub. hep. cn

通信地址 北京市朝阳区惠新东街4号富盛大厦1座 高等教育出版社工科事业部

邮政编码 100029

防伪查询说明

用户购书后刮开封底防伪涂层，使用手机微信等软件扫描二维码，会跳转至防伪查询网页，获得所购图书详细信息。

防伪客服电话 (010) 58582300

网络增值服务使用说明

一、注册/登录

访问 https://abooks. hep. com. cn/，点击“注册”，在注册页面输入用户名、密码及常用的邮箱进行注册。已注册的用户直接输入用户名和密码登录即可进入“我的课程”页面。

二、课程绑定

点击“我的课程”页面右上方“绑定课程”，正确输入教材封底防伪标签上的20位密码，点击“确定”完成课程绑定。

三、访问课程

在“正在学习”列表中选择已绑定的课程，点击“进入课程”即可浏览或下载与本书配套的课程资源。刚绑定的课程请在“申请学习”列表中选择相应课程并点击“进入课程”。

如有账号问题，请发邮件至：abook@ hep. com. cn。